国家出版基金项目
NATIONAL PUBLICATION FOUNDATION

基于器官系统的 PBL 案例丛书

人体结构模块和基础学习模块 PBL 案例

丛书主编 边军辉

丛书副主编 林常敏　陈海滨　张忠芳　辛　岗

丛书秘书 孙绮思　洪　舒

分册主编 林常敏　陈海滨

分册副主编 李　鹏　刘淑岩　归　航

分册编委（按姓名汉语拼音排序）

边军辉　陈海滨　陈式仪　归　航　洪　舒

胡　军　黄展勤　李冠武　李　鹏　李　雯

林常敏　林海明　林　艳　刘　静　刘淑岩

孙绮思　吴　凡　叶　曙　张忠芳　郑颖颖

分册学生编委（按姓名汉语拼音排序）

陈观远　甘礼溪　黄钊涛　黄梓键　纪映文

刘家洋　刘素玲　卢芝洁　田慧虹　王佩青

吴金遥　谢梓彬　徐　佳　许裕婷　姚霖彤

张品哲　郑昕垚

U0233569

北京大学医学出版社

RENTI JIEGOU MOKUAI HE JICHU XUEXI MOKUAI PBL ANLI

图书在版编目（ＣＩＰ）数据

人体结构模块和基础学习模块 PBL 案例 / 林常敏，陈海滨主编 . — 北京 : 北京大学医学出版社，2020.8

（基于器官系统的 PBL 案例丛书 / 边军辉主编）

ISBN 978-7-5659-2209-1

Ⅰ . ①人… Ⅱ . ①林…②陈… Ⅲ . ①人体结构－医案－医学院校－教材 Ⅳ . ① Q983

中国版本图书馆 CIP 数据核字 (2020) 第 102271 号

人体结构模块和基础学习模块 PBL 案例

分册主编：林常敏　　陈海滨

出版发行：北京大学医学出版社

地　　址：（100083）北京市海淀区学院路 38 号　北京大学医学部院内

电　　话：发行部 010-82802230；图书邮购 010-82802495

网　　址：http : //www.pumpress.com.cn

E - mail : booksale@bjmu.edu.cn

印　　刷：北京信彩瑞禾印刷厂

经　　销：新华书店

责任编辑：赵　欣　　责任校对：靳新强　　责任印制：李　啸

开　　本：787 mm×1092 mm　1/16　印张：14.5　字数：297 千字

版　　次：2020 年 8 月第 1 版　2020 年 8 月第 1 次印刷

书　　号：ISBN 978-7-5659-2209-1

定　　价：89.00 元

丛书序

现代医学教育伴随着医学科学的发展和人类认知理论的进步而快速发展。在医学教育领域，教育学对人的学习和认知发展的研究理论——行为主义、认知主义和建构主义理论一直影响着医学教育的过程和结果。

近年来，医学教育改革基于医学学科的发展和教育学的进步，方兴未艾，如火如荼。医学教育从之前的以学科为中心的模式，逐渐转变为以器官系统为中心的模式，这已成为新时代医学教育改革的标志之一。似乎在"时髦"的词语中，医学教育中唯以器官系统为中心才能称之为"医学教育改革"。然而，我们应该清楚地认识到，医学知识的呈现方式以及学生获取并掌握知识的多少和质量，其实并无直接的关联，知识的构建方式才是更重要的过程。

所谓的以学科为中心的课程体系和以器官系统为中心的课程体系均属于知识的呈现方式，所不同的主要在于呈现的角度而已。讨论式教学和案例互动教学则是从学生知识构建的角度出发，着眼于学生知识体系的搭建，这才是未来学生构建自主学习、主动学习和终身学习能力的基础。优化知识的呈现体系，同时加强知识构建体系的改革，才能从知识和能力的层面上帮助学生构建起"网格化"（可以理解为以学科为中心课程的横向模式与以器官系统为中心的纵向模式基础上的整合交叉）的理论和实践知识体系。PBL正是在知识呈现体系基础上，针对知识构建的教学改革，显然是有利于学生的成长和知识的融会贯通。

PBL案例的最高境界是来源于临床实践，并加以整理完善。其中包含了建构主义理论指导下的教育思想和理念，包含了结果导向的教育设计，包含了胜任力的目标要求。其在医学教育教学中的重要价值不可小觑。

由于医学科学的复杂性，以何种方式高效率、高水平地传递知识并使学生掌握和应用于医疗实践显得至关重要。

多年来，汕头大学医学院采用多种方式培训 PBL 导师，导师们将经验总结成案例，并加以细致打磨，形成独具特色的 PBL 案例集，着实为已经非常活跃的医学教育领域增加了新的素材；更主要的是，为医学生的学习提供了源于临床实践，同时又升华至理论高度的案例资源，尤其值得欣慰；此外，也为高校教师理解 PBL 和使用 PBL 进行互动式教育，提供了很好的借鉴。

我高兴地推荐本案例从书，并乐意一起学习，进一步推动医学教育领域的学习革命。

北京大学医学部副主任

全国医学教育发展中心常务副主任

2020.6.30

丛书前言

2005 年的一天，温家宝总理看望了著名物理学家钱学森，与他谈到教育问题时，钱先生说："这么多年培养的学生，还没有哪一个的学术成就能够跟民国时期培养的大师相比。为什么我们的学校总是培养不出杰出的人才？"这就是广为人知的"钱学森之问"。这一问题本身就十分重要，因为在日益全球化的今天，国家之间的竞争是杰出人才之间的竞争，说到底就是各国教育质量之间的竞争。因此，找到解决这一问题的有效方法更为关键，这关系到民族的前途和命运。

从 2002 年起，汕头大学医学院就开始实行医学教育的大胆改革，率先打破传统医学学科间的界限，建立了以人体器官系统为基础的整合课程体系。经过多年的实践，这一代表"以学生为中心"现代教育理念的措施和成效在 2009 年获得了教育部临床医学专业认证专家的认可。学院师生更是再接再厉，在全英文授课的医学教育在国内普遍前途惨淡的背景下，创建全英文授课班，引入美国执业医师资格考试（United States Medical Licensing Examination，USMLE），有效地扩大教育国际化的规模，在病理、临床技能、教师培训等领域创新，于 2014 年获得国家级教育成果一等奖。

中国的教育必须通过改革才能摆脱"钱学森之问"的局面。随着科技日渐进步和知识更新步伐的加快，学生了解和记忆知识已经不再是教育所追求的目标。培养具有深度学习、提出和解决问题能力，兼具岗位胜任力和创新能力的学生才是现代教育的宗旨。学校必须放弃将毕业生的知识水平、考试成绩作为衡量教育产出的一贯做法，而要将教育的长远效果——毕业生的潜力、职业素质和终身学习能力——作为最准确的衡量标准。因为前者是技术学校的目标，而后者才是能培养出大师的高水平大学的目标。

汕头大学医学院决心举办"主动学习班"，吸取国外先进医学院校（如加拿大 McMaster 大学）的成功经验，让医学生能有机会选择问题导向学习（problem-based learning，PBL）方式，在教师的辅导下，利用生活及临床的情景作为案例进行深度学习，培养学生自主学习、独立分析、有效沟通能力和团队精神。新教学大楼配备的符合 PBL 理念的优质设施也为这一教育改革措施的成功奠定了基础。

据我所知，在中国的医学院校中这是个创举。首先我必须感谢拥有"国家教育兴亡，你我匹夫有责"勇气和专业精神的各位同事，也特别感谢在亚太地区推广 PBL 理念和实践多年、获得同行尊重的关超然教授为我们把脉和指导。我更要感谢那些愿意加入"主动学习班"的同学，因为他们将为中国医学教育的发展提供最直接的数据和宝贵的经验。

即使在国外，PBL 案例也是每个学校的"传家宝"，轻易不肯示人，也因为大家对 PBL 案例的认知是，一旦传到学生手中，案例将失去教学功能。PBL 案例如此"难产"，如此宝贵，基于器官系统模块的 PBL 案例集更是稀罕，我们该如何珍藏这批"宝贝"呢？受关超然教授撰写的案例编写著作——《问题导向学习（PBL）平台之建构——案例设计、撰写技巧、参考实例与审核机制》大受欢迎的启发，核心小组讨论后决定：我们公开分享它们。

—— "汕头大学是中国教育试验田。"
—— "汕头大学医学院应该为中国的医学教育发展贡献她的力量。"
这是汕头大学的使命，也是我们给主动学习班学生做的最好的榜样。

"钱学森之问"是个重要问题。令人振奋的是，汕医师生将通过"问题导向学习"，为破解这一问题找到有效的解决办法。

边军辉

汕头大学医学院原执行院长

丛书编写思路

汕头大学一直致力于引入国际先进的教育理念和教学模式，被誉为"中国教育改革试验田"。在医学教育方面，继2002年打破传统基于学科的课程模式后，汕头大学医学院（以下简称汕医）没有停下探索的脚步，在人才培养模式上又提出新的问题：中国医学生是否可以打破传统"填鸭式"教育模式，推行"问题导向学习"模式？为此，汕医人进行了10余年的准备，最后于2015年开设"主动学习班"。在这个过程中，汕医聘请了关超然教授为资深教育顾问，协助构建了完善的PBL导师培训流程和管理制度，先后培养了100多位PBL带教小组老师，也产生了一批高质量的PBL案例。随着主动学习班课程的推进，每个模块都开发了与课程相应的PBL案例，以上努力为"主动学习"理念的实践奠定了基础。在实践过程中，师生的教与学理念发生了巨大变化，感受到"主动学习"的巨大魅力。

我在一个偶然的机会与后来任本丛书责任编辑的赵欣主任谈起，由此产生了组织这套"基于器官系统的PBL案例丛书"的想法。这个想法很快得到模块负责人毫无保留的支持。他们还从使用者的角度，提出在一部分案例后加入PBL带教前、带教后会议记录以及学生使用反馈、使用结果。通过参与带教会议老师畅所欲言的"絮叨"，使不熟悉PBL模式的教师拿到书后，也可以没有任何障碍地组织教师、学生使用这些案例，少走我们走过的弯路，躲过实施PBL过程中的"坑"。通过"PBL课后学生对案例的反馈"，读者可以跳出教师视野的局限性，审视学生视角下课程的实施效果及学生的学习感受，这在传统教学模式中常被我们忽略，但将是改革医学教育的一个重要抓手。模块负责人的支持给了我们莫大的信心，要知道，撰写一个好的PBL案例有时候需要几个月甚至数年的打磨，而且，案例出版后，模块负责人很可能需要重新组织新案例供学生使用，所以，模块负责人、各个案例作者们的这个决定是非常慷慨而且富于奉献精神的，这何尝不是汕医精神呢！

经过十几年的探索和实践，器官系统整合模块课程体系逐步完善。本书第二～五册（注：册序见封底）是基于课程整合后形成的10个课程模块的PBL案例，模块排列顺序基本与学生学习顺序相同。其中，大部分案例都是临床常见病、多发病，但也有少量是罕见病，目的在于匹配课程模块具体的学习目标，还可让学生看到他们在教科书、考核中都不会遇到的疾病，以及这些罕见病患者和家庭的境遇。第六册是学生版案例合集，设计这一册的初衷是使读者，不论是教师还是学生，都可以在课前撕下当天讨论的一幕，而不会透露后面剧幕的剧情。第一册是PBL理念和教师培训，将汕医在主动学习实验班建立初始如何为老师们引入全新的教学理念，如何一步步将老师们从新手培训成能够熟练将此理念贯穿教学全程的过程，一一用文字描述出来。而丛书所配套的视频教程，则是将PBL理念、实施过程、评价方式精心表现出来，丰富了理念和实操的传达维度。

如果说PBL案例集是汕医领导层、培训者、全体教师努力的结晶，那么，丛书整理过程中"主动学习班"学生编委的加入则是水到渠成的，是这个人才培养模式必然的结果。从"主动学习班"建立第一天起，时任执行院长边军辉教授即提出"为每一个学生提供用脑、用手、用口、用心的机会"的理念。对于主动学习班的学生，老师们的共识是抓住各种可能的机会让学生参与教与学的所有过程，在实践中培养学生终身学习、团队合作、领导力等岗位胜任力。为此，丛书编写过程中我们邀请了2015和2016级主动学习班学生加入，学生编委的主要任务是整理他们学习过的案例学习目标、从学生角度进行案例评价和书写使用感想。类似这样的实践模式在主动学习班非常常见，在这样的实践活动中，我们与学生既是师生关系，也是同事关系，我们会教学生怎么做、给他们反馈，但同时也不断征求他们的意见，把学生当成工作伙伴，信任他们的能力，鼓励他们成长。在这样的模式中，学生的成长和蜕变是显而易见的，这又不断推动我们纳入更多学生与我们共同工作，因此，在丛书编写后期，学生团队不但进行了格式、文字、标点符号等最后的校对修改，有些新案例甚至请2015级学生团队修改，而他们的表现甚至不比老师逊色。本丛书最后的工作是视频拍摄，也是由老师定下模式和主题，由学生挑选案例、编写剧本。总之，对于主动学习班的学生，我们老师共同的看法就是："活交给他们，我们非常放心"；或者换一句我们经常说的："这是一批拿得出手的学生"——用时髦的医学教育术语，叫置信职业行为（entrustable professional activities，EPAs）。作为老师，我们是骄傲而自豪的，有时候也惭愧，因为和他们共同成长的过程中，我们也常常感觉到自己的不足，从学生身上也学习到很多，他们也是我们的良师益友。

本案例丛书的编写已经到了最后阶段，即将接受各位教育专家、学者、老师、同学们的审阅，想到此，内心难免忐忑。但再回想，无论是 PBL 理念还是主动学习班设立的初衷，我们一直强调"终身学习""在反馈与反思中成长"，因此，无论未来来自于读者的评价是褒是贬，对我们而言，都是成长的过程；如果这些案例以及"主动学习"理念和人才培养模式的探索，能够引起使用者对医学教育现状、教育理念和教学方法的思考，那我们的目的就实现了；如果读者能再有温和或犀利的批评，那就远远超过我们的预期了。

最后再次感谢边军辉教授、关超然教授将 PBL 和主动学习的种子带到汕医，感谢本丛书的主编团队、各分册主编、各个模块负责人、案例作者们，还有孙绮思、洪舒两位丛书秘书，以及所有参与其中的主动学习班同学在本丛书编撰过程中付出的辛勤劳动。2015 年，我们因为"主动学习"这个共同的目标聚在一起，我们用人才培养结果达到一个个教育里程碑，未来，我们还将继续为这个目标共同努力，为"钱学森之问"提供行之有效的答案。

林常敏

汕头大学医学院

目录

人体结构模块
案例

人体结构模块介绍

【课程模块的概念】

人体结构是一门为临床医学专业学生开设的关于正常人体大体及微观形态和结构、发生和发育等知识的课程。

【课程模块的目的】

课程目的在于为学生进一步学习其他基础医学和临床医学知识奠定扎实的基础，同时培养学生具备应用、扩展医学基础知识的能力，以及自主学习能力。

【课程计划】

课程包括系统解剖学和组织学与胚胎学的内容。共 112 学时，其中系统解剖学 72 学时，组织学与胚胎学 40 学时。教学内容安排在大学一年级第二学期完成。

【学习情境】

通过讲课、实验、讨论等方式进行学习。

PBL 案例教师版

忙中出错

课程名称：人体结构模块

使用年级：一年级

撰 写 者：边军辉

审 查 者：关超然

一、案例设计缘由与目的

（一）涵盖的课程概念

学生通过学习这一案例，将医学科学与医学伦理、人文沟通和职业素质相结合；将行医实践（手术治疗）与医疗体系管理、医院患者安全风险管理、医患纠纷解决机制相结合。

（二）涵盖的学科内容

解剖层面　骨骼、肌肉、血管和神经在腕管部的结构特点是什么？

病理层面　腕管综合征的发病机制是什么？

诊断层面　腕管综合征的临床表现、诊断特点是什么？

治疗层面　什么是腕管松解术？什么是腱鞘松解术？

管理层面　外科手术通常涉及哪些人员、设施和流程？

卫生法规层面　什么是医疗事故？分析李医生的医疗事故原因。李医生医疗事故成因只限于医生个人原因吗？

伦理层面　医学伦理的三原则是什么？李医生应如何选择应对措施才符合这些原则？

行为层面　医生及手术室工作人员如何与患者进行有效的沟通？

社会层面　医院在外科手术方面如何实行维护患者安全、避免医疗事故的制度措施？

（三）案例摘要

骨科李医生接诊了患左侧示指狭窄性腱鞘炎的王大妈，因药物治疗效果不佳，王大妈接受了李医生手术治疗（左侧腱鞘松解术）的建议。在门诊手术的当天，李医生却错误地给王大妈做了左侧腕管松解术。

（四）案例关键词

狭窄性腱鞘炎（stenosing tenosynovitis, trigger finger）

腱鞘松解术（trigger finger release）

腕管松解术（carpal-tunnel release）

患者安全（patient safety）

风险管理（risk management）

医学伦理（medical ethics）

二、整体案例教学目标

（一）学生应具备的背景知识

该案例可以作为低年级医学生第一个学习案例，不需要特殊背景知识。

（二）学习议题或目标

1. 群体 – 社区 – 制度（population，$P^{①}$）

（1）分析李医生的医疗事故原因。

（2）描述外科手术通常涉及的人员、设施和流程。

（3）描述医疗事故的定义。

（4）分析医院在外科手术方面维护患者安全、避免医疗事故的制度措施。

（5）列举对行为过失医生的处理原则。

（6）评价李医生将医疗事故写成论文并发表的作用。

（7）描述医疗事故的报告、处理流程和处罚措施。

（8）分析对当事医生、护士的现行处罚措施是否有效。

（9）列举医疗事故发生时医护人员与患者及家属的沟通原则。

2. 行为 – 习惯 – 伦理（behavior，B）

（1）列举李医生有何应对的选择，分析各个选择的利弊。

（2）分析李医生及手术室工作人员与患者的沟通可能存在的问题。

（3）分析李医生的应对措施是否符合医学伦理原则。

（4）评价对李医生的处理结果。

3. 生命 – 自然 – 科学（life science，L）

（1）描述骨骼、肌肉、血管和神经在腕管部的结构特点（非重点）。

---

① P、B、L是PBL案例三个层面的学习议题的英文首字母，这也体现了"PBL"的另一种诠释。——作者注

（2）描述腕管综合征的发病、临床表现、诊断特点（非重点）。

（3）描述腕管松解术治疗（非重点）。

三、整体案例的教师指引

本案例分为两个剧幕，案例流程分两次讨论完成。低年级医学生或第一次进行 PBL 学习的学生使用该案例，教师首先需要注意引导学生使用规范的 PBL 流程展开讨论，让学生体验新的学习方法，体会 PBL 学习的乐趣；其次，讨论过程更多引导学生讨论医生的行为、患者安全问题、医院管理等层面，不要过于关注生命－自然－科学知识点。需要强调，PBL 初学者的带教教师在每次课结束前，需要规范地带领学生做好反思、给学生提供反馈，尤其针对 PBL 流程、学习方法提供具体建议。

第一幕

骨科李医生年轻有为，获著名医学院的博士学位，34 岁就已经是副主任医师，精通各种骨科手术技术。2 个月前，他接诊了来自湖北山区的操着满口浓重乡音的王大妈，患者被诊断为左侧示指狭窄性腱鞘炎，接受封闭疗法后病情没有明显改善。再三考虑下，王大妈接受了李医生提出的左侧腱鞘松解术的治疗建议，于 1 周后在门诊进行。

手术那天，李医生排了 4 台门诊腕管松解术，早晨突然又接到 1 台脊柱损伤的急诊手术。脊柱损伤手术进展并不顺利，术后患者几次出现伤口渗血。因此，李医生数次被 ICU 呼叫，在急诊手术楼和门诊楼之间来回奔跑了 3 次，耽误了 4 台门诊手术的时间，只能一个个和患者解释并更改时间。当天下午，李医生在 1 号手术间先做完了 3 台腕管松解术，后来不知道何原因，第 4 台王大妈的手术被临时搬到 2 号手术间，并更换了护士。护士核对时，由于王大妈的浓重乡音而沟通受阻，还好李医生既是患者的主治医生又是湖北人。李医生赶到手术室时，护士已完成患者的前臂消毒工作，但李医生没有看到手术切口标记，以为是上酒精时擦掉了；同时还发现没有止血带，让实习医生去找，因此也耽误了口头核对临床资料的时机。

这台当天最后的手术，就是他为王大妈做的左侧腕管松解术。

关键词

狭窄性腱鞘炎

腕管松解术

重症监护病房（intensive care unit，ICU）

手术规范（operation specification）

安全管理（safety management）

手术前准备（preoperative preparation）

重点议题 / 提示问题

1. 外科手术通常涉及的人员、设施和流程。

2. 医疗事故的定义。

3. 李医生的医疗事故原因。

4. 医院对维护患者安全、避免医疗事故的制度措施。

5. 腱鞘的位置；狭窄性腱鞘炎的发病机制；手术治疗的原理。

教师引导

1. 李医生医疗事故的成因不只限于医生个人，应引导学生思考深层的原因，如患者、医院、偶然因素、同事等。

2. 疾病的病因、诊治甚至解剖学结构在设计上均非本案例的重点，但学生可能会对这些议题比较感兴趣，可以按学生兴趣适当引导。

3. 本案例的重点不是衡量给患者带来多大损失，而是分析医疗事故的成因和针对患者安全的系统性措施。

第二幕

手术结束 15 分钟后，李医生书写手术报告，发现做错了手术。他还从来没有遇到这样的事，仿佛心都跳到了嗓子眼儿，就要窒息的感觉。这可如何是好？患者怎么办？医患关系已经如此不好，怎样对家属说明？医院一定会惩罚自己，同科室的其他同事可能也会因这个事故减少奖金吧！同事如何看我？学生如何看我？医院根据规定必须向上级主管部门报告医疗事故，并受到惩罚，医院领导会怎么看我？李医生脑海里思绪纷飞。同时，他更为自己犯了这样愚蠢的错误，给患者带来的痛苦而陷入深深的自责。

……有那么一瞬间，他甚至后悔学医了。

考虑了 10 分钟：还好！是左侧腕管松解术，如果是腹部或其他大手术……后果更不堪设想！此刻他刻骨铭心地体会到手术三方安全核查的必要性。医学专业的零差错率对任何一位医者的漫长从医生涯都并非易事。希波克拉底誓言——任何时刻都检点吾身，不做各种害人及恶劣行为，终生执行吾之职务——再次在耳边回荡……

李医生终于抬起头来。他拨通了医院患者安全委员会负责人的电话，口头报告了医疗事故。然后，他走到王大妈身边，说："对不起，我给您做错了手术。"

医疗事故后的处理工作是由主管医疗的副院长和医务科负责的。最后，患者家属和医院达成了庭外调解协议。后来，王大妈在另一家医院接受了所需要的左侧腱鞘松解术，手术后的效果良好。

2 个月后，医院扣发李医生的 1 年奖金及岗位津贴，停手术 3 个月。同时扣发当天参与手术其他人员 3 个月奖金及科室负责人 1 个月奖金和职务津贴。之后，李医生查阅医疗事故的国内外文献，结合这段经历撰写论文，发表在一个著名的医学期刊上。

关键词

反思（reflection）

自责（self-accusation）

患者安全委员会（patient safety committee）

重点议题 / 提示问题

1. 医学伦理的尊重个人、有益、无害和公正的三（四）原则。

2. 李医生的应对选择是否符合这些伦理原则？

教师引导

1. 教师可以引导学生关注医院对过错医生的处理过程是否合理，对于防范类似问题的发生以及李医生个人职业生涯发展是否有帮助。

2. 医学伦理的原则如何应用在本案例中？

3. 教师可以引导学生应用角色扮演或叙事医学的方法，思考患者手术中、医疗事故后的心路历程，甚至可以鼓励学生将其写成文章。

四、参考资料

1. Wu A. Handling hospital errors: is disclosure the best defense? (editorial; comment)[J]. Annals of Internal Medicine, 1999, 131(12):970-972.

2. Anonymous. Summaries for patients. Does admitting mistakes to patients lead to more lawsuits?[J] Annals of Internal Medicine, 2010, 153(4):12-16.

3. Neily J, Ogrinc G, Mills P, et al. Using aggregate root cause analysis to improve patient safety[J]. Joint Commission Journal on Quality & Safety, 2003, 29(8):434-439.

4. http://www.jointcommission.org/patientsafety/universalprotocol

5. Ring DC, Herndon JH, Meyer GS. Case records of The Massachusetts General Hospital: Case 34-2010: a 65-year-old woman with an incorrect operation on the left hand[J]. New England Journal of Medicine, 2010, 363(20):1950.（附原文）

6. Atul Gawande. 清单革命——防范错误，从改变观念开始 [M]. 王佳艺，译. 杭州：浙江人民出版社，2012.

五、PBL 带教前会议记录

参加者：案例作者、带教教师

案例名称：忙中出错

会议内容

（一）主要议题（如案例的文化背景、需要注意的问题、针对学生特点需要重点做哪些引导等）

案例作者介绍案例发生的真实场景，包括案例中原先省略的情节，如患者使用的语言是西班牙语、在美国就医以及就医当天医生面临的种种小概率事件。包括医生自己是精通西班牙语的，但当天没有用患者熟悉的语种进行沟通，患者在清醒状态下任由医生完成了错误部位的手术。对故事背景了解后，大家支持重新加入患者可能存在语言不通的沟通场景和学习目标，重现故事的真实背景，旨在引发学生深入思考医院管理体系、如何能避免类似事故的发生以及在种种背景下医生个人的选择和背后的伦理原则。

文章来源于哈佛大学附属医院，作者自己就是故事中犯医疗过失的医生。无论从医生的角度，还是医院层面，透明、公开地发表这样"自曝家丑"的文章以服务同行和行业的进步，都是值得钦佩的，可引导学生思考文章发表的意义。

（二）案例重点问题（如主要学习目标、如何达成、遇到困难的处理预案）

因为案例的着眼点在伦理讨论，故针对事实脑力激荡的时间可能比较长，而提出假说和建立学习点的过程相对可以缩短，故讨论的时间设定为反思 15 ～ 20 分钟，脑力激荡第一次课可以设定为 50 ～ 60 分钟。

（三）其他

从叙事医学的角度，案例作者提出可以与该文章的第一作者联系，请当事人为学生讲述当时的场景和他个人的心路历程。我们可以从研究的角度追踪该案例对学生、老师的影响。

六、PBL 带教后会议记录

参加者：案例作者、带教教师

案例名称：忙中出错

会议内容

（一）案例使用反馈

1. 案例的优点

（1）案例涵盖知识点多，能较好地激发思维。

（2）案例信息量大，能够激发讨论的兴趣。

（3）整体讨论进程比较顺利。

2. 案例存在的问题（医学专业问题、文字表达、从学生的视角出发存在的问题）

（1）案例的情景脱离学生的认知，学生在非常缺乏背景知识的情况下进行学习，效果不尽如人意。

（2）如关超然教授所言，两组学生都没有谈及语言障碍带来的沟通问题，一方面是在那段文字中，学生一下子就被吸引到医学知识中；另一方面是文中的线索不明显，学生难以发现。

3. 意见或修改建议

（1）给学生布置了阅读文章原文的任务，希望学生可以有一些背景知识，方便讨论。

（2）如果是重要的学习目标，一定要为其设置明显的剧情。剧情的设置，更多是为学生的学习服务，可以"来源于生活但高于生活"。

（二）学习目标完成情况

1. 目标完成　两个小组均能完成 70% 以上的学习目标。

2. 时间　两个小组均用了超过 2 小时的时间，因为第一次课需要讨论两幕，时间并不宽裕。后面的案例需要注意第一次课的时间安排，建议在第一幕的脑力激荡部分注意点更集中，老师需要进行适当的思路引导。

3. 流程　苏老师反映学生不熟悉流程，读完案例后不知道需要板书"事实"，不知道需要做什么；林老师组的学生流程没有问题。

（三）学生表现

1. 参与程度　相比普通班，总体较高，但每组都有 3 位同学很活跃，3 位同学相对保守，需要鼓励才会发言。

2. 发言的有效性　有 1 ~ 2 位同学表达能力比较强，思维清晰，其他大部分同学过于关注细节，反复回忆预见习所见所闻去匹配案例中的情节，对关键信息的把握不够敏感，需要再训练。

3. 团队合作和沟通能力　组员间还需要磨合以及默契的培养，在倾听、眼神交流、语言的简洁程度等方面需要练习。

4. 领导力和同理心　1～2位同学显示出一定的领导力，同学们也观察到了，可以互相学习。同理心见下面的讨论。

（四）其他补充

同理心方面　作为人文的案例，同学的表现不尽如人意。一方面是两个组的学生都非常关注解剖和外科手术方面的问题，急于讨论医学知识的内容，甚至有学生直接提出"不喜欢伦理、法律、人文的内容，就喜欢医学，但是我会努力练习"。另一方面是学生对于医疗事故、医院的管理流程、医学伦理几乎没有概念，对医疗事故对于医生意味着什么也很难感同身受，我们甚至觉得这个案例对于学生讨论人文难度太大了。昨天学生因为嬉笑李医生被辞退，被集体扣分，但后来想想，其实他们真的是不懂，没有概念。这也是案例安排的问题，案例的情景脱离学生的认知，学生在非常缺乏背景知识的情况下进行学习，效果自然不理想。所以昨天课后我们让学生阅读文章原文，希望学生可以有一些背景知识，方便第二次的讨论。

七、PBL 课后学生形成的学习目标

A 组

1. 学习腕管、腱鞘的解剖结构。

2. 学习狭窄性腱鞘炎的病理改变及临床症状。

3. 学习腱鞘松解术与腕管松解术在作用、适应证上的异同。

4. 了解狭窄性腱鞘炎的封闭疗法。

5. 学习术前准备流程及安全核查制度。

6. 学习医疗事故的构成要件、责任认定及处理程序。

7. 了解术后不同医务人员（主刀医师、麻醉医师、护士等）应完成的工作。

8. 了解医护人员面对医疗事故的应对措施。

9. 了解医疗事故鉴定后医护人员职业生涯的规划。

B 组

1. 学习腕管与腱鞘的解剖知识。

2. 了解狭窄性腱鞘炎的封闭疗法。

3. 了解腕管松解术与腱鞘松解术的适应证、操作方法及术后护理。

4. 了解门诊手术与急诊手术的流程区别。

5. 了解手术前、手术中、手术后的常规流程。

6. 了解因方言而出现沟通困难的解决方法。

7. 了解不同医护人员在手术中的任务分配。

8. 结合案例，学习医学伦理的原则。

9. 学习医疗事故的构成要件及责任认定。

10. 了解医疗事故发生后，医院、医生、患者及家属三方的应对措施。

11. 了解医院与医生签订合同与解约的相关流程。

八、PBL 课后学生对案例的反馈

PBL 课后，我们对此案例最大的感受便是 population、behavior 部分有较大吸引力，并且我们认为学习这两部分相关知识十分必要。首先是案例中李医生因各种原因而做错手术的剧情设置：该剧情合理、符合逻辑，且与我们今后的职业生涯联系紧密，给我们带来了不小的冲击，让我们认识到不起眼的错误堆积起来也可以导致严重的后果，具有较好的教育作用。其次是由做错手术剧情而延伸的医疗事故相关法律法规，我们均认为学习医疗事故的构成要件和责任认定是十分必要的，且我们还就此案例激烈讨论了李医生在此事件中应承担什么样的责任、院方对李医生的处置是否合理合法，以及李医生在此事件中的应对措施是否正确等十分有意义的问题。最后是课后手术室见习与案例内容高度契合：指导老师为我们安排了一次手术室见习，让我们真正学习了术前、术中及术后的基本流程，对相关知识的理解记忆十分有帮助。

此案例的不足之处在于——population、behavior 部分占比过大，且 life science 部分难以就已学习的基础知识进行讨论。此案例以李医生做错手术这一事件为中心，其学习重点自然放在与之相关的知识上，最终列出的学习目标有 5 ~ 6 个。对比之下，life science 部分占比就稍显不足，相关的学习目标仅有 3 ~ 4 个。我们认为此案例应再增加 life science 的内容。此外，life science 中涉及的手术知识，由于我们仅掌握了基本的解剖知识，故难以对其进行讨论或提出假设。

总体而言，此案例质量较高，population、behavior 部分十分精彩。若能再平衡各个部分的比重，此案例讨论的学习效果可再上一个台阶。

PBL 案例教师版

黑便之谜

课程名称：人体结构模块

使用年级：一年级

撰 写 者：李　鹏

审 查 者：PBL 工作组

汕头大学医学院
ShanTou University Medical College

一、案例设计缘由与目的

（一）涵盖的课程概念

"黑便之谜"为人体结构模块案例，以十二指肠溃疡作为切入点。腹痛和便血是日常生活中经常会遇到的情境，在一定程度上可以反映职场中饮食不规律人群常见的病痛。因此，该疾病既是常见的个体问题，也是社区群体的问题。学生应学会把单独分割出来的传统课程整合起来去学习有关消化系统的各种问题，如微观结构（组织学）、功能（生理、生化）、损伤反应（病理）、治疗（药物药理）、行为（生活习惯）及照顾（护理、急诊）等。

在这个基础上，以后其他模块中的案例或给高年级学生的案例中，可以引入其他较深层的概念，如溃疡急性穿孔导致的急腹症、溃疡大出血导致的贫血或休克、溃疡瘢痕导致的幽门梗阻，或者溃疡癌变导致的胃切除。

（二）涵盖的学科内容

解剖层面　胃、十二指肠解剖结构是什么？

组织层面　消化管的组织学结构是什么？

生理层面　消化管除了对食物进行消化和吸收外，还有什么生理功能？这些功能如何让人体应对环境变化？

病理层面　消化管损伤一般以什么形式展现？不同形式损伤的修复机制有什么不同？

药理层面　消化性溃疡的药物治疗原则是什么？

护理层面　如何护理消化性溃疡患者，使之尽快痊愈？

社会层面　如何避免职场人士因不良饮食习惯引发的消化性溃疡等疾病？

（三）案例摘要

林先生经常应酬饮酒，近半年经常感到上腹隐痛。前晚应酬时大量饮酒，晨起时出现头晕、心慌、出冷汗的症状，上洗手间时，发现大便颜色完全变黑了。来到急诊科就诊，医生对林先生进行了检查，初步诊断为"黑便，原因待查"，建议林先生住院检查。林先生住院后，胃镜检查发现十二指肠球部有 2 cm×2 cm 的溃疡，幽门螺杆菌阳性；经过了 2 周规律的止血、抑酸、抗菌、保护胃黏膜治疗后，林先生的症状得到控制。出院时，医生叮嘱林先生要戒酒，注意休息，定期到医院复查。

（四）案例关键词

饮酒（alcohol drinking）

黑便（melanostool）

便血（hematochezia）

十二指肠溃疡（duodenal ulcer）

幽门螺旋杆菌（*Helicobacter pylori*）

二、整体案例教学目标

（一）学生应具备的背景知识

本案例是为了初入医学院刚接触基础医学的学生而设计的。学生已经学习了主动学习导论，具备自主学习的能力。

（二）学习议题或目标

1. 群体 – 社区 – 制度（population，P）

（1）一般社区群众对饮酒危害的认知程度如何？

（2）医护人员及社工在处理醉酒患者个案时负有哪些法律责任？

（3）消化性溃疡较常发生在哪一类人群？

2. 行为 – 习惯 – 伦理（behavior，B）

（1）饮酒与社会、经济、文化是否存在关联？

（2）林先生上腹疼痛与他的生活习惯有什么内在联系？

（3）患者对胃镜检查感到紧张和恐惧的常见原因是什么？

3. 生命 – 自然 – 科学（life science，L）

（1）消化管受损时，会以什么形式的生理反应表现出来？

（2）林先生上腹痛的感觉是在什么组织水平上发生的？

（3）溃疡和出血反应是怎样的过程？止血药 / 抑酸药 / 杀菌药的机制是什么？

（4）消化性溃疡是如何发生的？与胃、十二指肠黏膜的防御机制和幽门螺杆菌有什么关系？

三、整体案例的教师指引

1. 为让学生熟悉 PBL 学习流程，用黏膜溃疡出血的情境作为平台，适合不同背景新入学的医学院学生。

2. 鼓励学生尽量按照 PBL 的情境提出可以讨论的议题，至于在生命科学领域里，这个案例的目的是通过消化管黏膜，例如胃、十二指肠黏膜对于幽门螺杆菌感染的反应而将结构与功能联系起来，鼓励学生思考胃、十二指肠受幽门螺杆菌感染后所引起的反应，及其生理及病理上的意义。

3. 学生并不需要探讨胃、十二指肠溃疡大出血的手术问题，或者更深的药物治疗问题。若学生问及手术议题，可以稍微讨论，但不应列为学习目标，因为林先生的出血并未严重到要动手术。老师可以反问学生：动辄就要手术开刀，是否符合医疗伦理？

4. 学生对生命科学部分会有特别注重的趋势，所以请适时鼓励学生讨论一些社会行为的议题，包括暴饮暴食和过量饮酒可能会产生的种种问题，即使这些不被列为学习目标。

第一幕

　　林先生 50 岁，是某上市公司经理，平时工作压力大，应酬多，饮食不规律，经常喝酒且酒量很大。近半年来，他上腹部时常有隐痛，饥饿时疼痛尤为明显，便自行服用阿司匹林止痛。前一晚，林先生与重要客户应酬时又饮了不少白酒，今早起床时出现头晕、心慌、冒冷汗的情况，其认为仅是饮酒所致。但上洗手间时发现大便呈黑色，才赶紧告诉妻子。细心的妻子留取了大便标本，并陪同丈夫来到急诊科。医生了解病情后，对林先生进行了体格检查。体检测血压 90/60 mmHg，心率 90 次 / 分，体温 37.1 ℃。皮肤无黄染，全身淋巴结未触及肿大，心肺听诊未见异常。腹部稍胀，上腹部轻压痛。肝右肋下未触及，脾未触及，无移动性浊音，肠鸣音 10 次 / 分。

　　2 小时后，检查结果出来了，血常规结果提示白细胞升高，红细胞和血红蛋白下降，血小板正常；粪便常规结果提示柏油样便；隐血试验阳性。初步诊断为"黑便，原因待查"。建议林先生住院检查。林先生担心工作太忙，不想住院。经医生再三沟通，同意住院。

关键词

饮酒

上腹部不适（epigastric discomfort）

黑便

重点议题 / 提示问题

1. 便血的常见病因是什么？医生对于便血的患者应该关注哪些信息？

2. 上消化道出血和下消化道出血都会导致便血，两者如何鉴别？

3. 影响胃、十二指肠黏膜防御机制的内在与外在因素是什么？酒精、阿司匹林与胃、十二指肠溃疡出血有关系吗？

4. 胃、十二指肠溃疡出血通常以什么样的形式及特征展现？

5. 在职场或聚会宴请中，饮酒文化非常盛行，你对饮酒社交有何看法？

6. 过度饮酒除了影响个人健康、造成医疗问题外，还会造成群体与社会的什么问题？

教师引导

1. 学生可能对饮酒这个情境一带而过，可以引导学生讨论酒精对机体的影响，进一步思考饮酒作为人类群居生活礼仪文化的意义，为什么有些人经常喝酒甚至酗酒，该思考对于饮酒、健康饮食的健康宣教有积极意义。

2. 患者以上腹部隐痛，尤其在饥饿时疼痛明显就诊，可以引导学生从上腹部包含哪些器官结构展开讨论，推理该患者病情可能涉及的器官、系统。

3. 有关实验室检查的议题（血常规、粪便常规等），不考虑在第一幕将这些实验室检查列为学习目标，所以没有列出具体实验室检查数值。请鼓励学生讨论社会人文意识的议题。

第二幕

　　主管医生让林先生卧床休息，暂时禁食，给予奥美拉唑（洛赛克）等药物治疗，并安排林先生做胃镜检查。林先生不安地来到胃镜室，医生见其面带紧张神色，询问得知林先生对胃镜检查感到恐惧。经医生耐心疏导和解释，林先生才同意配合医生进行检查。

　　胃镜检查发现"十二指肠球部有 2 cm×2 cm 的溃疡，局限于黏膜层"。活检病理报告提示"胃黏膜层细菌培养呈幽门螺杆菌阳性"。经过规范止血、抑酸、抗菌、保护胃黏膜治疗后，林先生的病情得到控制。医生叮嘱林先生要戒酒，注意休息，定期到医院复查。

关键词

奥美拉唑（洛赛克）（omeprazole）

胃镜（gastroscope）

十二指肠溃疡

幽门螺杆菌

戒酒（temperance）

重点议题／提示问题

1.什么是消化性溃疡？如何诊断？与林先生的便血有关系吗？

2.胃和十二指肠的组织结构分层是什么样的？

3.胃和十二指肠黏膜的防御机制是怎样的？

4.消化性溃疡与幽门螺杆菌的关系是什么样的？

5.对患有消化性溃疡的患者，需要做哪些方面的健康宣教工作？

6.为什么林先生对胃镜检查感到十分恐惧？胃镜检查过程从过去到现在有了什么改善？

教师引导

1. 该案例设计针对低年级医学生，不要求学生讨论胃、十二指肠溃疡大出血的手术治疗问题，或者更深入的药物治疗问题。

2. 幽门螺杆菌的发现以及与胃溃疡之间的关系是医学史上的里程碑式事件，研究者因此得到诺贝尔生理学或医学奖。可以从培养学生探索精神的角度，鼓励学生了解故事背景，但不需要深入学习细胞和分子层面的知识。

四、参考资料

1. 丁文龙，刘学政. 系统解剖学 [M]. 9 版. 北京：人民卫生出版社, 2018.

2. 钟南山，陆再英. 内科学 [M]. 7 版. 北京：人民卫生出版社, 2008.

3. Lau JY, Barkun A, Fan DM, et al. Challenges in the management of acute peptic ulcer bleeding [J]. The Lancet, 2013, 381(9882):2033-2043.

4. Malfertheiner P, Chan FK, Mccoll KE. Peptic ulcer disease[J]. The Lancet, 2009, 374(9699):1449-1461.

5. Sanchez-Delgado J, Gene E, Suarez D, et al. Has *H. pylori* prevalence in bleeding peptic ulcer been underestimated? A meta-regression[J]. American Journal of Gastroenterology, 2011, 106(3):398-405.

6. Barkun A, Leontiadis G. Systematic review of the symptom burden, quality of life impairment and costs associated with peptic ulcer disease[J]. American Journal of Medicine, 2010, 123(4):358-366.e2.

7. Neumann I, Letelier LM, Rada G, et al. Comparison of different regimens of proton pump inhibitors for acute peptic ulcer bleeding[J]. Cochrane Database of Systematic Reviews, 2013, 6(6):CD007999.

五、PBL 带教前会议记录

参加者：案例作者、带教教师

案例名称：黑便之谜

会议内容

（一）主要议题（如案例文化背景、需要注意的问题、针对学生特点需要重点做哪些引导等）

1. 案例撰写者澄清案例的关键点。

2. 对案例稍作文学修改。

3. 撰写案例时，人文方面要贴合案例内容，带教时注意引导。

（二）案例重点问题（如主要学习目标、如何达成、遇到困难的处理预案）

1. 胃、十二指肠的解剖和组织学结构。

2. 酒精、阿司匹林及幽门螺杆菌等导致消化性溃疡发生。

六、PBL 带教后会议记录

参加者：带教教师、模块负责人

案例名称：黑便之谜

会议内容

（一）对讨论流程的反馈

1. 学生比前 2 周更熟练，对讨论的流程、时间安排都有了更多的了解。

2. 上周提出的改进意见，学生也能积极接纳并改进，例如在分享前对知识有所整理，关注了信息来源的可靠性等。

3. 学生认为本案例比较难，第一节课提出问题时发言有点不自信。

4. 学生对 PBL 讨论流程非常熟悉，能较高效地从案例的事实中总结并提出要学习的内容和学习目标。整个小组的气氛非常活跃，同学们也很放松地投入到讨论中。

5. 学生对该案例中的 P 和 B 层面比较忽视，尽管小组老师给予适当引导，但他们还是觉得 P 和 B 层面在这个案例中不重要。如果希望学生讨论 P、B 层面的内容，建议在案例中加强引导，并且，要让学生提出有一定深度的 P、B 层面问题。小组老师不能强行引导学生讨论案例撰写中不能很好体现的内容。

6. 讨论中，所有同学都能做到脱稿阐述自己的观点和学习到的内容，并能联系其他同学的发言，且及时给予补充。

（二）对案例的反馈

1. 小组反思的内容两组差别较大，A 组是针对 PBL 讨论的反思，B 组是针对 1 周学习的反思。这点上是否需要统一？

（1）PBL 的反馈已经在每次 PBL 完成后进行了，所以我不认为 1 周反思还要专门进行针对 PBL 的反思。更多要做的应该是学生在 1 周内学习到的东西的反思。B 组的做法是，用大概 30 ~ 40 分钟时间，反思本周在知识、技能、态度上的收获、可改进的地方，并且制订行动计划，下周针对上周的行动计划再进行反思。这个过程不是学生给老师的汇报过程，而是学生针对自己的 1 周的学习进行回顾和互相探讨。讨论中总结了 1 周学到的知识、分享了新的技能、探讨了学习的态度，是对之前学习的总结和之后学习的方向指引，教师认为达到了反思的目的。

（2）如果是对 1 周学习的反思，PBL 带教教师并不知道其他科目的学习情况，因此，建议应该只就 1 周 PBL 学习情况进行反馈讨论。如果是对 1 周的学习进行总结反思，那么应该是学生自己做就可以，不必要汇报给老师。他们是主动学习班，不能太过于依赖老师。而且，花一节课的时间来做反馈，大家觉得形式化的意味太重。大家在每次 PBL 讨论后都有反馈，大部分是就一些讨论流程、参与程度、说话方式、眼神交流、资料搜索等形式上的内容进行反馈和反思，并提出改进意见。虽然这是一件好事，但是这样会培养学生机械地遵循一个模式进行讨论和思考，以后所有人都是一个模式，思维也是一个模式，这样反而违反了主动学习的初衷。主动学习的最终目的是培养创造精神、培养创造能力！ 主动学习的方式和教育理念无疑将推动高等教育的改革，但具体的方式有待改进。

2. 有的同学反映现有评价指标不太适合评价 PBL 讨论。

七、PBL 课后学生形成的学习目标

A 组

1. 消化系统的解剖结构及功能

2. 组织结构及功能（胃、十二指肠黏膜）

3. 消化性溃疡标准操作规程（standard operating procedure, SOP）中要注意的 3 个问题

（1）酒精对消化道的伤害

（2）NSAIDs（如阿司匹林）对消化道的影响

（3）幽门螺杆菌（生存环境、致病机制）

4. 粪便的分类（颜色、形态、形成、诊断用途）（黑便）

5. 药物　奥美拉唑（洛赛克）SOP

B 组

1. 消化系统的组成和功能以及消化过程（胃与十二指肠）
2. 溃疡的诊断
3. 幽门螺杆菌导致十二指肠溃疡的机制
4. 体格检查、血常规和便常规的正常值与意义
5. 静脉滴注洛赛克比口服洛赛克有哪些优点?
6. 生活中常见的滥用药物行为

大胆的小丹

课程名称：人体结构模块

使用年级：一年级

撰 写 者：林常敏　归　航

审 查 者：PBL工作组

汕头大学医学院
ShanTou University Medical College

一、案例设计缘由与目的

（一）涵盖的课程概念

"大胆的小丹"为人体结构模块中消化系统的案例，内容重点为"消化腺解剖和生理"。案例中的小丹因为错误的饮食习惯而遭受了疾病的折磨，发生致命的急性胆囊炎合并胆道结石。其一，希望通过该案例的讨论，学生能够更加整体地把解剖和相关的生理知识联系起来，并进一步理解肝胆胰的解剖与功能、胆汁的形成及其成分等知识点，从讨论中感受人体结构课程的乐趣，为接下来的学习打下更加坚实的基础。其二，腹痛是急诊非常常见的症状，但正确诊治需要缜密的鉴别诊断。在掌握一定解剖知识的前提下，通过对患者腹痛症状的讨论，连接基础解剖和临床思维，为今后进入临床牵线搭桥。其三，除了学习解剖、生理方面的知识之外，学生还应该关注不良饮食习惯对人体的影响。通过本案例，撰写者希望学生把医学知识和人文生活结合起来，在 PBL 讨论中培养更全面、更有深度的思维。

（二）涵盖的学科内容

人体结构层面　肝胆胰的解剖结构和组织结构是什么？

生理层面　肝胆胰在消化功能中起什么作用？胆汁的成分是什么？如何形成？有什么功能？胆结石如何形成？临床上如何分类？血清淀粉酶与急性胰腺炎有什么联系？

人文层面　在急诊室，医生与患者沟通的内容和所需技巧有哪些？

临床层面　胆石症的临床表现、诊断要点和治疗原则是什么？为什么需要进行腹部 B 超检查？

行为层面　如何看待患者高脂高蛋白饮食？如何引导大学生纠正不良饮食习惯？

（三）案例摘要

本案例主角是一个热衷于高脂高蛋白夜宵的研究生小丹，在一次暴饮暴食后出现了渐进性腹痛。经检查，医生诊断为"急性胆囊炎合并胆道结石"。住院治疗后，小丹康复出院，并根据医生的嘱咐开始重视自己的饮食习惯。

（四）案例关键词

腹痛（abdominal pain）

高脂饮食（high-fat diet）

血清淀粉酶（serum amylase）

胆囊（gallbladder）

胆囊炎（cholecystitis）

胆石症（cholelithiasis）

急性胰腺炎（acute pancreatitis）

二、整体案例教学目标

（一）学生应具备的背景知识

学生应已学习了消化腺的解剖、相关的生理学知识，对消化腺疾病的病理生理、临床表现有了一定的知识积累。同时应懂得联系解剖和临床疾病，全面思考。

（二）学习议题或目标

1. 群体 – 社区 – 制度（population，P）

（1）什么人群易患胆石症、胆囊炎？

（2）年轻人可能存在哪些不良的饮食习惯？

2. 行为 – 习惯 – 伦理（behavior，B）

（1）高脂肪饮食、饮食不规律与胆结石之间有何联系？暴饮暴食与急性胰腺炎之间有何联系？

（2）医师体检发现墨菲征可疑阳性，该如何处理？

3. 生命 – 自然 – 科学（life science，L）

（1）肝、胆、胰解剖结构与相关疾病的关系是什么？

（2）胆汁形成过程及其影响因素是什么？

（3）胆结石的形成机制是什么？

（4）血清淀粉酶与急性胰腺炎之间的关系是什么？

（5）糖、蛋白质的消化过程与哪些器官有关？

（6）参与糖类和蛋白质的消化过程的器官有哪些？

三、整体案例的教师指引

1. 本案例的学习目标涉及消化腺解剖、胆汁形成、胆石症的临床表现等知识。在为有不良饮食习惯的腹痛患者诊断时，学生的关注点可能会集中在消化系统。但是腹痛的原因众多，除了消化系统疾病，若是女性患者，还可能是生殖系统的疾病如异位妊娠。因此，教师可以提示学生进行多系统疾病的鉴别诊断，避免局限性思维。

2. 引导学生思考生活习惯与疾病发生的联系，让其重视一些疾病的生活防治，通过健康教育培养防治疾病的意识。

3. 除医学知识方面，需引导学生关注案例中医生的行为，让其学会换位思考，为未来行医培养良好的医师职业素养。

第一幕

　　小丹今年28岁，当了几年业务员后，他无法忍受天天在外面应酬、高油脂的大鱼大肉的饮食，遂辞职，重返汕头大学商学院就读研究生。和同学混熟后，小丹经常晚上和一群人到东门大学路吃夜宵，他最爱的是烤鸡翅、鱿鱼、羊肉串，总之无肉不欢。第二天匆匆忙忙赶去上课，往往来不及吃早餐。他总是安慰自己夜宵吃得多，早餐少吃一点正好抵消了。他有时候感觉右上腹隐隐作痛，体检时告诉医生，医生检查后说墨菲征可疑阳性，因为时间关系，医生也没有多解释。

　　一天晚上12点多，小丹躺在床上看书时，突然出现从后背到右上腹弥散的、剧烈的疼痛。宿舍同学看到他疼得坐不住，满头大汗，脸色苍白，赶紧打车送他到医院。司机见状一路飙车，坑坑洼洼的大学路使车子一路颠簸。小丹疼得在后座打滚，到了红绿灯路口，司机一个急刹车，小丹的疼痛突然就消失了，一瞬间他感觉整个人都轻松了，就像什么事都没发生过一样，随即让司机往回开。回去后2个多月疼痛都没发作过。

关键词

腹痛

高脂饮食

重点议题 / 提示问题

1. 高脂饮食、长期不吃早餐的人群容易出现哪些消化系统的疾病？

2. 暴饮暴食对消化系统有什么影响？

3. 右上腹有哪些脏器？

4. 进食高脂食物会刺激哪些消化液的分泌？这些消化液如何产生？其分泌受哪些因素的调控？分泌过多或过少有哪些不良后果？

5. 除了脂肪，糖和蛋白质又是如何被消化的？与哪些器官有关系？

教师引导

1. 患者原先的职业是业务员，没完没了地应酬，读研究生后一直不吃早餐、高脂晚餐等，都是胆囊炎、胆石症患者的典型生活习惯。

2. 为什么小丹疼得坐不住？打车去医院途中，为什么疼痛突然消失了？可以再提示"大学路坑坑洼洼、车子一路颠簸、司机一个急刹车"，这些线索有可能与什么疾病相关？

第二幕

暑假时，小丹在一次晚餐后又出现了一样的腹背痛，基于上次的经验，他拒绝去医院。在床上翻滚了半个多小时，仍没有缓解的迹象，他哥哥实在看不下去了，强行把他背上了车来到附属第一医院急诊科。小丹神情极度焦躁，呼吸短促，断断续续告诉医生2个月前也这样痛过，医生一边询问病情，一边给小丹体检。检查眼睛巩膜和皮肤未见黄疸，腹软，右上腹压痛明显，右肋下触及肿大的胆囊，墨菲征阳性，腰部检查无压痛。哥哥看着小丹痛苦地翻滚，恳求医生，让他赶紧先打止痛针，急诊医生婉拒，但叮嘱护士严密观察病情进展，并抽血查血常规和血清淀粉酶，同时立即安排小丹去急诊二楼做腹部B超。B超检查报告"胆囊结石，结合病史，考虑同时存在胆总管中下段结石可能性大，请结合临床"。

此时，小丹痛得有点神志不清了，哭喊着让医生救救他。医生根据小丹的病史、症状、体征及血清淀粉酶正常，血常规白细胞、中性粒细胞稍高。诊断了"急性胆囊炎合并胆道结石"后，才让护士给患者打了止痛针，继而使用解痉、抗炎治疗。第二天醒来后，小丹又生龙活虎，嚷嚷着要回家了。医生叮嘱小丹注意饮食清淡，1个月后门诊复查，必要时行微创手术切除胆囊。

关键词

胆囊

胆囊炎

胆石症

急性胰腺炎

重点议题 / 提示问题

1. 胆汁的形成过程及其影响因素是什么？

2. 胆汁的主要成分是什么？有哪些功能？

3. 胆结石的发生机制是什么？人体什么器官还可能有结石？其成因是否相似？

4. 胆结石根据成分不同分为哪几类？哪一类最常见？

5. 肝、胆、胰的解剖结构是什么？胆结石如何引起急性胰腺炎？

6. 胆结石复发率是多少？你认为类似小丹这样的患者有可能严格遵从医生对饮食方面的建议吗？

教师引导

1. 胆汁产生的机制及其与饮食之间的关系：胆结石包括胆固醇结石（主要分布在胆囊）、胆色素结石（主要分布在肝内外胆管）和混合型结石。其中，胆固醇结石约占75%。目前对于胆结石成因的解释存在胆汁淤滞、细菌感染和胆汁化学成分改变三种不同学说，可引导学生从不同结石形成的机制和影响因素方面，思考如何应用这些知识为患者制订可行性强的饮食方案。

2. 肝、胆、胰之间有特殊的解剖关系，使得胆结石在阻塞胆管时会导致剧烈腹痛，甚至可能并发急性胰腺炎。

3. 暴饮暴食对消化腺的影响非常大，可以让学生结合消化腺的解剖和生理知识进行思考。

4. 小丹腹痛难忍，医生为什么还是"婉拒"家属"打止痛针"的要求？

四、参考资料

1. 丁文龙，刘学政. 系统解剖学 [M]. 9 版. 北京：人民卫生出版社，2018.

2. 李玉林. 病理学 [M]. 8 版. 北京：人民卫生出版社，2013.

3. 陈孝平，汪建平. 外科学 [M]. 8 版. 北京：人民卫生出版社，2013.

4. 葛均波，徐永健. 内科学 [M]. 8 版. 北京：人民卫生出版社，2013.

五、PBL 带教前会议记录

参加者：案例撰写者，模块负责人，带教教师（2 位）

案例名称：大胆的小丹

会议内容

（一）主要议题（如案例文化背景、需要注意的问题、针对学生特点需要重点做哪些引导等）

该案例设计初衷为让低年级学生在学习消化系统解剖和组织学时使用。原案例的设计症状不典型，且加入了胰腺炎鉴别诊断的议题，对于缺乏临床背景知识的医学生难度较大，学生的注意力容易被吸引到临床知识，而忽略了基础知识的学习。为此，本次课前会议中，参会老师建议将案例剧情进行修改，突出胆石症的典型症状和体征，易于低年级学生掌握。

尽管如此，学生的注意力依然可能被临床诊断和治疗等次要知识点所吸引，教师应引导学生运用基础知识进行推理、解释临床症状体征。

（二）案例重点问题（如主要学习目标、如何达成、遇到困难的处理预案）

案例引导的重点仍然在肝、胆、胰的解剖结构与功能，胆汁的形成过程、成分与功能；胆结石的发生机制、分类、临床表现和治疗原则为次要目标。应引导学生关注群体和行为方面的议题，如高脂饮食、不吃早餐、暴饮暴食对消化系统的影响，大学生存在哪些不良生活习惯等。

（三）其他

1. 本案例是根据原有案例改编的，第一次使用。

2. 依据案例教师指引，若有问题带教后会议上可再修改。

六、PBL 带教后会议记录

参加者：案例撰写者，模块负责人，带教教师（2 位）

案例名称：大胆的小丹

会议内容

（一）案例使用反馈

1. 案例的优点

（1）案例内容适当，覆盖了消化系统解剖学和组织学主要内容，而且各内容之间有良好的有机联系。

（2）学生反映该案例非常有趣，不空洞。

2. 案例存在的问题

案例中提到"血液检查结果阴性"，请案例撰写老师核查是否正确。（注：为避免低年级学生过度关注临床检验结果，故只表明"阴性"，不作扩展。）

（二）学习目标完成情况

两组学生均能较好地完成学习目标。

（三）学生表现

1. 两组学生均能较熟练地使用 PBL 方式达到该案例的预期学习效果，主动学习能力日渐增强，比如其中一组要求对一个学习目标进行英文学习和分享。但是，学生在学习过程中尚存在浮于表面的现象，比如讨论的过程体现出内化程度不够，有待提高。

2. 学生对 PBL 讨论流程非常熟悉，均能较高效地从案例的事实中总结并提出学习目标。同学的讨论非常活跃，气氛也很轻松愉快。

3. 第二次 PBL 讨论中，大家都能够脱稿讨论，各抒己见，在讨论过程中加强了对知识的理解，并锻炼了思维能力。

七、PBL 课后学生形成的学习目标

A 组

1. 胆囊的解剖结构、生理功能；胆汁的形成过程、储存和生理作用（肝与胆汁分泌的关系）

2. 胆石症（发生机制、症状、诊断、治疗、预后）

3. 黄疸的分类和发生机制

4. 疼痛的发生机制；解痉药和抗炎药物的作用机制

5. 墨菲征／胆囊触痛征的诊断意义

6. 血清淀粉酶的诊断意义

7. 止痛药的使用原则

8. 高危人群健康饮食宣教

B 组

1. 胆石症（分类、发病机制、症状、体征、治疗、预后）

2. 案例相关的体格检查和实验室检查结果的诊断意义

3. 鉴别诊断：十二指肠、肾、肠、结肠的牵涉痛区域

4. 弥漫性腹部疼痛机制

5. 引起右上腹痛的常见疾病

6. 健康饮食习惯宣教

八、PBL 课后学生对案例的反馈

我们都很喜欢这个案例，对此有比较浓厚的学习兴趣。因为案例十分有趣：主人公爱吃夜宵，无肉不欢，是现实生活中很多人的真实写照；案例中出现的"东门""大学路"

等亲切的词语，让我们在紧张激烈的讨论过程中会心一笑，能稍稍轻松一下。

该案例描述的病程相对完整，阐述了饮食习惯、发病症状、检查、治疗等相关内容，层层深入，便于我们系统地讨论和整理。在第一幕中，案例未给出具体的诊断线索或结论，促使我们根据所学知识做出一系列假设，有利于思维的发散；而在做假设的过程中，不同观点间的碰撞、对他人观点的质疑，都锻炼了我们的表达能力、临床思维和逻辑推理能力。但是限于当时我们已有的知识基础，我们过于关注解剖知识，而相对忽略了组织学知识。

总的来说，案例用词平实，内容简洁，思路清晰、完整，涉及的临床知识对于我们初学者来说难度不大。在内容上，我们从所学的解剖知识，向生理学、诊断学、外科学、临床治疗拓展，有助于养成临床思维，同时也有人文内容可供讨论和挖掘。美中不足的是，案例给出了参考资料，限制了学生的思考宽度与深度，因此建议不给出参考资料，有利于学生讨论时进一步发散思维，也可锻炼学生查找资料的能力。另外，建议记录者采用思维导图记录，从症状发散到机制，有利于系统的知识梳理以及临床思维的培养，也方便日后回忆和复习。

PBL 案例教师版

力不从心

课程名称：人体结构模块

使用年级：一年级

撰 写 者：边军辉

审 查 者：PBL 工作组

汕头大学医学院
ShanTou University Medical College

一、案例设计缘由与目的

（一）涵盖的课程概念

本次课程为人体结构模块中整合了人体解剖学、胚胎学、影像学和生理学的 PBL 讨论案例。本阶段学生正对人体结构和生理功能形成初步认识，对于器官系统功能分类有一定的理解，但还没有机会对其意义和在临床实践中的影响进行分析和讨论。

通过该案例的讨论，希望学生能够在理解人体循环系统解剖和相应功能特点的同时，学习其发育异常对患者在家庭、社会和职业环境等层面的影响。

（二）涵盖的学科内容

解剖、组织层面　人体循环系统的整体架构是什么？体循环和肺循环结构和功能上的区别是什么？心脏的供血系统是怎样的？

胚胎层面　心脏和大血管的胚胎发育过程是怎样的？

生理层面　先天性发育异常导致缺氧、影响体力活动的原理和后果是什么？

行为层面　先天性心脏和大血管发育异常的危险因素是什么？

社会层面　先天性心脏和大血管发育异常患儿的成长需要哪些社会支持体系？如何对先天性心脏和大血管发育异常患儿进行筛查或产前诊断？

（三）案例摘要

此案例描述一位 14 岁少女在从事学校体育活动时出现头晕、气短、心悸、发绀、活动受限等症状。影像检查发现她患有先天性右冠状动脉发育异常（起自肺动脉干，而不是升主动脉），导致对心脏供氧的缺乏。

（四）案例关键词

循环系统（circulatory system）

体循环（systemic circulation）

肺循环（pulmonary circulation）

主动脉弓（aortic arch）

升主动脉（ascending aorta）

降主动脉（descending aorta）

左冠状动脉（left coronary artery）

右冠状动脉（right coronary artery）

肺动脉干（pulmonary trunk）

多层 CT 冠状动脉造影（MSCT coronary arteriography）

二、整体案例教学目标

（一）学生应具备的背景知识

学生对生物学中细胞有氧代谢的机制和过程有一定的了解。

（二）学习议题或目标

1. 群体 – 社区 – 制度（population，P）

先天性心脏和大血管发育异常的年轻患者面临哪些风险？有无群体筛查的必要？

2. 行为 – 习惯 – 伦理（behavior，B）

（1）先天性心脏和大血管发育异常的患者应如何注意在生活中降低风险？

（2）在学校不知情的情况下，如果发生比王雪更严重的后果，学校应承担哪些责任？

（3）医生是否应该替患者向学校老师隐瞒她的病情？理由是什么？

3. 生命 – 自然 – 科学（life science，L）

（1）描述正常发育情况下给心肌组织供血的主要冠状动脉和静脉。

（2）描述患者右冠状动脉起自肺动脉干对患者生理功能所产生的影响。

（3）描述心肌在缺氧状态下的后果和代偿机制。

（4）分析为何患者在出生 10 多年后才开始呈现症状。

（5）分析如何采取简单的手术达到治愈的效果。

三、整体案例的教师指引

1. 本 PBL 案例为全一幕，内容涉及一位 14 岁少女患有先天性右冠状动脉发育异常（起自肺动脉干，而不是升主动脉），导致对心脏供氧的缺乏，特别是在青少年身体发育和体力活动量增加时尤为明显，表现出皮肤发绀、气短、心悸、活动受限等症状。

2.让学生探讨心脏缺氧对心肌活动影响的原理、心肌缺氧后有无任何代偿机制。

3.让学生区分人体循环系统中体循环和肺循环的不同之处。

4.让学生就此患者的左冠状动脉起源于升主动脉而右冠状动脉起源于肺动脉干的情况，来对比体循环对左、右侧心脏供氧的不同。

5.让学生分析患者为何发病前 10 几年都没有症状，此时才出现。

6.让学生讨论医生是否应该替患者向学校老师隐瞒她的病情、这里要遵循的原则是什么。

全一幕

　　王雪今年 14 岁，生性活泼，学习成绩优秀，因乐于帮助他人，深受同班同学的喜爱。她爱好体育活动，因身高优势最近还通过了校排球队的第一轮选拔。许多同学都来祝贺，很羡慕她。王雪高兴极了，积极参加了接下来校排球队为期 1 周的课后训练，为第二轮选拔做准备。这天是最后一次课后训练，第二天就是第二轮正式选拔的日子，关心她的同学们都来观看。但王雪在 1500 米试跑中明显慢了下来，她又急促地赶了几步。同学们看到她突然停住，缓慢地倒在操场跑道上。迅速赶到她面前的同学看到她满脸是汗，嘴唇发紫，说不出话来。同学们与校医一起马上将王雪送往人民医院急诊室就医。

　　医生对王雪进行了仔细的身体检查，发现她血压 122/82 mmHg，呼吸 15 次 / 分，心率 83 次 / 分，双眼瞳孔大小一致、对称，对光反射正常。王雪意识清醒，回答问题语言能力正常。她向医生承认，其实从第一天课后训练开始，她就感到有点头晕、心跳加剧，但这些症状与逐渐加重的活动强度有关，充分休息后就会缓解和消失。她叮嘱医生千万不要将情况告诉学校老师，深怕这会影响到她通过第二轮选拔的机会。

　　为进一步明确诊断，医生进行了一系列心脏影像检查，其中多层 CT 冠状动脉造影检查发现，王雪的右冠状动脉起源于肺动脉干，而左冠状动脉起自升主动脉（图 1、图 2）。

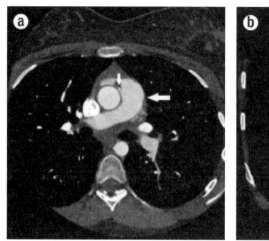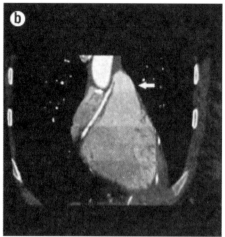

图1 大箭头指肺动脉干，小箭头指右冠状动脉的起点

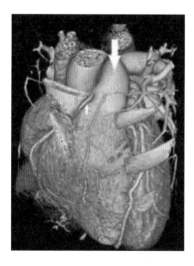

图2 大箭头指肺动脉干，小箭头指右冠状动脉的起点

关键词

循环系统

体循环

肺循环

主动脉弓

升主动脉

降主动脉

左冠状动脉

右冠状动脉

肺动脉干

多层 CT（MSCT）冠状动脉造影

重点议题 / 提示问题

1. 正常的冠状动脉起自哪里？先天性发育畸形的危险因素是什么？

2. 患者的右冠状动脉起自肺动脉干，其后果是什么？

3. 患者为何在进行体育活动时才出现明显症状？

4. 这位先天性心血管发育异常的患者为何出生 10 多年后才开始出现症状？

5. 学校是否应该筛查先天性心脏和大血管发育异常的学生？

6. 医生是否应该承诺为患者向学校老师隐瞒病情？

教师引导

本案例包含了王雪在学校热爱体育活动，但她的身体状况又不允许的线索，可以引导学生讨论这对患者、家长、学校和治疗方案可能产生的影响。

四、参考资料

1. Williams IA, Gersony WM, Hellenbrand WE. Anomalous right coronary artery arising from the pulmonary artery: a report of 7 cases and a review of the literature[J]. American Heart Journal, 2006, 152(5):1004.e9 - e17.

2. Rowe GG, Young WP. Anomalous origin of the coronary arteries with special reference to surgical treatment[J]. The Journal of Thoracic and Cardiovascular Surgery, 1960, 39:777 - 780.

血尿之源

课程名称：人体结构模块

使用年级：一年级

撰 写 者：李　鹏

审 查 者：PBL工作组

汕头大学医学院

ShanTou University Medical College

一、案例设计缘由与目的

（一）涵盖的课程概念

"血尿之源"是人体结构模块案例。本案例通过一位中年男性尿路结石导致腰痛和血尿的形式展现给医学生一个综合性概念，因为它代表了机体进行尿液代谢的几个器官组织的生理功能（如尿液的生成、输送、储存和排出）。

在这个基础上，高年级学生使用时可以引入其他较深层的概念，如结石梗阻导致的肾积水、尿液淤积导致的尿路感染，或者结石刺激导致尿路上皮肿瘤等。

（二）涵盖的学科内容

解剖层面　泌尿系统的解剖结构是什么？

组织层面　输尿管、膀胱和尿道的组织结构是什么？

细胞层面　泌尿系统的细胞构成及功能是什么？

生理层面　泌尿系统的生理功能是什么？

病理层面　泌尿系统损伤一般有什么表现？不同形式损伤的修复机制有什么不同？

治疗层面　如何促进泌尿系结石的排出？

（三）案例摘要

廖经理为中年男性，在珠三角地区做销售工作，工作劳累、生活不规律、饮水少。前晚饮酒后，早晨发现尿急及尿液颜色深，但没有其他不适，就匆匆乘车去外地出差。在路上总是尿急、尿频，伴有腰酸，自购诺氟沙星（氟哌酸）服下。随后疼痛加重，右侧腰部剧烈绞痛并向下腹及会阴部放射，同事将其送往附近医院就诊。医生诊断为右侧输尿管结石合并感染，给予抗感染、止痛等治疗，同时给予多饮水等生活、饮食禁忌的指导。

（四）案例关键词

尿急（urgency of micturition）

尿频（frequency of micturition）

血尿（hematuria）

尿常规（routine uronoscopy）

输尿管结石（calculus of ureter）

二、整体案例教学目标

（一）学生应具备的背景知识

本案例是为一年级医学生 PBL 课程而设计的。

（二）学习议题或目标

1. 群体 – 社区 – 制度（population，P）

（1）中国或本地区患泌尿系结石的发病率如何？

（2）泌尿系结石通常是在哪一类人群中发生的?

2. 行为 – 习惯 – 伦理（behavior，B）

（1）患者饮水的习惯及认知如何？

（2）廖先生尿路结石与他的生活习惯有什么关联？

3. 生命 – 自然 – 科学（life science，L）

（1）泌尿系统解剖结构是什么？

（2）尿路受到损伤时，会有何表现？

（3）廖先生腰痛、腹部剧痛并向会阴部放射的感觉产生的机制是什么？

（4）医生在问诊时，应如何逻辑性地询问有关患者腰痛和血尿情况？

（5）结石生成和血尿反应是怎样的过程？

（6）泌尿系结石如何发生？与尿路狭窄和饮水过少有什么关系？

三、整体案例的教师指引

1. 在生命科学领域，这个案例的目的是鼓励学生思考尿路受结石嵌顿所引起的不同反应及在生理和病理上的意义。

2. 学生并不需要讨论泌尿系结石取石的手术问题，或者更深入的药物治疗问题。

3. 学生对生命科学可能会特别重视，所以请适时、适当地鼓励学生讨论，包括每日饮水过少可能会产生的种种问题，即使他们并不会将它列为学习目标。

第一幕

　　廖小波是广东某乡村电缆厂销售经理，44岁。妻子是家庭主妇，3个儿子都在上学，经济压力较大。廖经理为了提高销售业绩，增加收入，经常到全国各地推销产品。他工作紧张、劳累；饮食不规律且饮水少，工作中应酬很多，经常要陪客户喝酒。前晚他去外地出差，陪客户晚餐时喝了很多酒，晨起又匆匆赶火车前往下一个销售点。上车后他发现尿液颜色较深，且在路上总是尿急，不停地去洗手间，但每次尿量并不多，伴腰酸。想到加多宝可以降火，就喝了好几瓶，但情况并未见好。与同事说起，同事马上在网上查了一下说："可能是尿路发炎了，吃点消炎药就会好了。"

关键词

尿急

尿频

血尿

腰痛（lumbago）

重点议题／提示问题

1. 尿路包括哪些解剖结构？

2. 正常的尿液的量和理化性质是什么？

3. 影响尿液生成和排出的内在与外在因素是什么？湿热气候、饮水量少与尿少、尿急和血尿有关系吗？

4. 腰痛和血尿的常见病因是什么？医生对于腰痛和血尿患者应该关注哪些信息？

5. 公众通过网络搜索获知医疗信息存在哪些问题？

6. 解剖学上男性泌尿系统有哪些狭窄部位？其临床意义如何？

教师引导

1. 引导学生思考患者的血尿与其家庭情况和职业背景有什么关联。
2. 除了医学科学知识以外，鼓励学生讨论社会人文意识的议题。

第二幕

廖经理到了目的地，去药店买了店员推荐的消炎药（氟哌酸）服下。随后辗转与客户洽谈业务，在一次小跑后突然出现右侧腰部剧烈的绞痛并向下腹及会阴部放射，同事将其送往附近医院急诊科就诊。医生询问病情后进行体格检查，发现患者肾区有叩击痛，又问："以前有没有出现类似的情况？"廖经理说："大约从 2 年前开始，时有轻微腰酸腰痛，觉得是工作太忙所致，没有去管它。"医生开了血常规、尿常规、肾功能及 B 超检查单。

结果显示：血常规：白细胞数量和中性粒细胞比例升高；尿常规：红细胞 > 2000 个 / μl，红细胞形态正常；白细胞 1500 个 / μl；肾功能检查无异常。B 超发现右侧输尿管下段近膀胱处两个结石，直径分别约 0.3 cm 和 0.4 cm。诊断为右侧输尿管结石合并尿路感染。

医生予止痛和抗感染治疗，同时对患者饮食进行了指导，建议多喝水，注意休息，少喝酒。

关键词

尿常规

血常规（blood routine examination）

输尿管结石

诺氟沙星（氟哌酸）（norfloxacin）

肾功能检查（kidney function test）

尿路感染（urinary tract infection）

叩击痛（percussion pain）

重点议题 / 提示问题

1. 输尿管的结构及功能是什么？什么是输尿管结石？如何诊断？

2. 廖先生的腰痛和血尿有密切关系吗？为什么会在小跑后出现剧烈腹痛并向会阴部放射？

3. 腰部、下腹和会阴分别指人体哪些区域的解剖结构？

4. 肾区指的是哪个解剖部位？什么是叩击痛？有何临床意义？

5. 输尿管下段近膀胱处指的是输尿管哪一段？有什么结构特点？输尿管可以分为哪几段？各段有什么形态结构特点？

6. 罹患泌尿系结石的危险因素有哪些？廖经理个案中有多少危险因素？

7. 泌尿系结石的好发部位是哪里？治疗原则是什么？

8. 对泌尿系结石患者需要做哪些方面的健康宣教？

9. 尿常规检查包括哪些指标？

教师引导

1. 学生可能忽略疾病流行病学方面的知识，比如结石在哪一类人群高发，是否有遗传因素，是否和生活习惯相关。可以引导学生学习，养成由点及面的学习方法。

2. 第二幕通过患者疼痛突然加重就医，最终诊断为输尿管结石的情景设计，要求同学了解泌尿系结石的形成原因、血尿形成的病理学基础、结石与感染的关系，解读血常规和尿常规检查结果等知识点。

四、参考资料

1. 丁文龙，刘学政 . 系统解剖学 [M]. 9 版 . 北京：人民卫生出版社，2018.

2. 叶敏，张元芳 . 现代泌尿外科理论与实践 [M]. 上海：复旦大学出版社，2005.

3. Trinchieri A. Urinary calculi and infection[J]. Urologia, 2014, 81(2):93–96.

4. Flannigan R，Choy WH，Chew B, et al. Renal struvite stones—pathogenesis, microbiology, and management strategies[J]. Nature Reviews Urology, 2014, 11(6):333–341.

参考网站：

5. "魏则西之死"：最本质的问题在这里！ [N/OL]. 腾讯网，2016-05-05[2019-03-25]. http://news.qq.com/a/20160505/024968.htm.

6. 解读三鹿奶粉案：掺含三聚氰胺蛋白粉成潜规则 [N/OL]. 新浪网，2009-01-04[2019-03-25]. http://news.sina.com.cn/c/2009-01-04/084916973100.shtml.

PBL 案例教师版

老李又咳嗽了

课程名称：人体结构模块

使用年级：一年级

撰 写 者：林 艳

审 查 者：PBL 工作组

一、案例设计缘由与目的

（一）涵盖的课程概念

"老李又咳嗽了"是人体结构模块的案例，以长期吸烟的老年患者出现慢性支气管炎、肺气肿（慢支肺气肿）合并气胸作为切入点，引导学生对呼吸系统的内容进行全面、综合的讨论和学习。本案例描述了与气管、支气管、肺和胸膜腔等呼吸器官密切相关的慢性支气管炎、肺气肿合并气胸，患者表现为咳嗽、咳痰、喘息和胸痛等症状，这些是日常生活中嗜好吸烟的老年人经常会出现的情境，是个体问题，也是群体问题。

学生在学习本课程中，会探讨有关呼吸系统的各种议题，如大体和微观结构（解剖和组织学）、功能（生理和生化）、损伤反应（病理）、治疗（药理）及护理（护理和急诊）；也可以讨论亲子关系和禁烟的社会问题（人文社会）。

可继续再延伸的概念：如过敏性肺炎相关的免疫性议题，禽流感病毒引发肺炎的防治议题，尘肺防治议题，或者引起胸痛的常见病因的鉴别诊断议题等。

（二）涵盖的学科内容

解剖层面　呼吸系统是如何构成的？各部分结构特点、功能、血供及神经支配是什么？胸部的解剖结构是什么？

组织层面　肺泡上皮主要由哪几类细胞组成？肺损伤后肺泡上皮在修复与更新过程中有何重要性？

生理层面　呼吸系统有何生理功能？呼吸系统与循环系统的生理功能有什么联系？

病理层面　慢性支气管炎肺气肿的病理机制如何？吸烟与慢性支气管炎肺气肿有何关系？气胸如何形成？

药理层面　胸痛常用药物有什么？滥用止痛药有何严重的后果？

神经层面　胸壁和胸膜的神经分布如何？气胸引起胸痛的机制中，疼痛的信息是如何传递的？止痛药与神经信息传递有何关联？

护理层面　如何治疗大量气胸的患者并使之尽快康复？

行为层面　抽烟有哪些危害？如何有效控烟？

社区层面　对于有不良行为生活习惯的患者，家人应该扮演怎样的社会角色？承担怎样的社会责任？

（三）案例摘要

本案例是有关吸烟所致慢性支气管炎肺气肿合并右侧气胸的病例。患者为 62 岁男性，有长期吸烟史，难以戒断。3 年前开始出现频繁咳嗽、咳痰伴喘息，每年发病持续 3 个月，痰多为黄色，量或多或少。曾经在外院行胸部 X 线检查，提示为慢性支气管炎肺气肿，经多次抗感染、祛痰等对症治疗后症状缓解。今年春节前夕，老李和家人旅游后出现激烈咳嗽伴右侧胸痛，自行服用止痛药但效果甚微，胸痛加剧，于是家人护送其到某三甲医院就诊。听诊右侧肺部呼吸音明显减弱，局部叩诊呈鼓音，于是老李被收住院治疗。

（四）案例关键词

咳嗽（cough）

抽烟（smoking）

吸烟戒断（tobacco cessation）

胸痛（chest pain）

放射摄影术（radiography）

二、整体案例教学目标

（一）学生应具备的背景知识

学生需要具备基础医学中有关呼吸系统的组织结构、解剖结构、生理功能及病理方面的先备知识。

（二）学习议题或目标

1. 群体 – 群体 – 制度（population，P）

（1）慢支肺气肿主要发生在哪类人群？

（2）控烟多年，为何收效甚微？如何才能让控烟措施真正"落地"？

（3）对于有不良行为生活习惯的患者，家人应该扮演怎样的社会角色？承担怎样的社会责任？

2.行为－习惯－伦理（behavior，B）

（1）老李的肺部疾病与他的生活习惯有没有关联？

（2）长期吸烟的人会有怎样的行为改变？

（3）止痛药的滥用有何严重的后果？

3.生命－自然－科学（life science，L）

（1）呼吸系统的正常解剖与组织结构是什么？

（2）胸部的影像解剖结构是什么（胸部X线和CT）？

（3）引起咳嗽、胸痛的病理生理机制是什么？

三、整体案例的教师指引

1. 学生并不需要深入了解肺部疾病的手术及药物治疗等临床问题。但学生若问及相关议题，可以稍微讨论而不需要列为学习目标。

2. 学生对生命科学可能会有特别注重的趋势，所以请适时适当地鼓励学生考虑及讨论一些社会经济行为的议题，包括控烟及主动吸烟/被动吸烟所产生的危害，即使他们并不会将它列为学习目标。

全一幕

老李今年62岁，是一名资深作家，经常熬夜写作。他平常喜爱抽烟，每天抽1～2包，已有30余年。目前儿孙满堂，妻贤子孝，日子过得相当舒心。唯一遗憾的是家里孙辈总嫌弃他身上有一股浓烟味而不愿接近他。儿女及老伴曾多次劝告戒烟，但老李总笑呵呵地用"饭后一支烟，赛过活神仙"来搪塞，不肯戒烟，家人只好不了了之。

3年前，老李开始频繁出现咳嗽、咳痰伴喘息症状，每年持续约3个月，痰多为黄色，量或多或少，最多时约100 ml/d。曾经在汕头某医院就诊，胸部X线检查结果提示为：双侧胸廓膨隆，两横膈低平，双肺纹理增粗模糊，两肺透亮度增强（图1）。医生根据老李的情况给予了抗感染、祛痰等对症治疗，并且建议家属要监督老李戒烟。但老李照样烟不离手，家人只能听之任之。

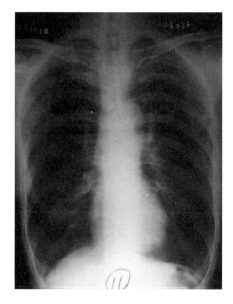

图1

今年春节前夕，老李与家人到冰城哈尔滨旅游。返家后，老李感觉疲惫不堪，出现激烈咳嗽伴右侧胸痛。以为旅途劳累引发旧疾，故没在意，从私人药店买了一瓶止痛药来吃，但止痛效果甚微。在一次剧烈咳嗽后，老李疼痛突然加剧，伴发呼吸困难、面色青紫。家人措手不及，赶紧护送老李到汕头某三甲医院呼吸内科就诊。接诊医生给老李听诊，发现右侧肺部呼吸音较左侧明显减弱，局部叩诊呈鼓音。于是老李被收住院治疗。

关键词

咳嗽

抽烟

吸烟戒断

胸痛

放射摄影术

重点议题 / 提示问题

1. 呼吸系统包含哪些解剖结构？其组织结构是什么？肺的功能性和营养性血液循环途径是怎样的？胸部的正常影像解剖（X线）是怎样的？

2. 胸廓的解剖形态是什么？胸廓膨隆有什么临床意义？

3. 横膈是什么解剖结构？有什么作用？横膈低平有什么临床意义？

4. 肺纹理主要是什么解剖结构？肺纹理增粗模糊有什么临床意义？

5. 呼吸系统有何生理功能？呼吸系统与循环系统的生理功能有什么关系？

6. 老年人咳嗽咳痰的常见原因有哪些？

7. 吸烟与肺部病变（慢支肺气肿）有何关系？

8. 胸部有哪些器官？形态和位置是什么？胸痛可能是哪些结构发生了病变？

9. 胸痛的信息是如何传递的？止痛药与神经信息传递有何关联？

10. 医生对患者的胸痛应做什么了解？老年人突然右侧胸痛的常见原因有哪些？

11. 肺在胸部的体表投影是什么？如何定位？如何进行肺的听诊和叩诊？

12. 为什么右侧胸部局部叩诊呈鼓音？

13. 对于有不良行为生活习惯的患者，家人应该扮演怎样的社会角色？承担怎样的社会责任？

14. 抽烟有哪些危害？如何有效控烟？

教师引导

　　这里有药理议题（止痛药），但不建议在这个案例将药理列为学习目标（所以隐藏了药物名称）。

四、参考资料

1. Meinel FG, Schwab F, Schleede S, et al. Diagnosing and mapping pulmonary emphysema on X-ray projection images: incremental value of grating-based X-ray dark-field imaging[J]. Plos One, 2013, 8(3):e59526-35.

2. Robin Smithuis, Otto van Delde. Chest X-ray, basic interpretation[N/OL]. Radiology Assistant, 2013-02-18[2019-3-25]. http://www.radiologyassistant.nl/en/p497b2a265d96d/chest-x-ray-basic-interpretation.html

3. Heijink IH, de Bruin HG, Dennebos R, et al. Cigarette smoke-induced epithelial expression of WNT-5B: implications for COPD[J]. European Respiratory Journal, 2016, 48(2):504-508.

4. Grant L, Grant L, Griffin N. Grainger & Allison's diagnostic radiology essentials[M]. London: Churchill Livingstone, 2013.

5. Lou P, Chen PP, Pan Z, et al. Interaction of depression and nicotine addiction on the severity of chronic obstructive pulmonary disease: a prospective cohort study[J]. Iranian Journal of Public Health, 2016, 45(2):146-157.

五、PBL 带教前会议记录

参加者：案例撰写者、带教教师

案例名称：老李又咳嗽了

会议内容

（一）主要议题（如案例文化背景、需要注意的问题、针对学生特点需要重点做哪些引导等）

PBL 小组老师针对评价指标进行了讨论，并提出因为学生刚接触基础医学方面的知识，欠缺影像知识，所以案例引导和学习目标应侧重于人体结构方面的知识，而对于影像方面的知识不宜过多讨论。

（二）案例重点问题（如主要学习目标、如何达成、遇到困难的处理预案）

PBL 小组老师认为案例学习目标重点在于呼吸系统的结构与功能，引导学生讨论呼吸系统的器官组成、形态结构及呼吸系统是如何进行气体交换的。

六、PBL 带教后会议记录

参加者：案例撰写者、带教教师

案例名称：老李又咳嗽了

会议内容

（一）案例使用反馈

1. 案例的优点

（1）案例内容与学生正在学习的呼吸系统和循环系统解剖学和组织学同步，学生能够学以致用，学生比较喜欢这样的安排。

（2）整体讨论进展比较顺利，讨论各环节比较流畅，能完成目标与重点议题。

（3）第一次出现仅一幕剧情的案例，学生表示能够接受，同时案例能很好地激发学生的讨论兴趣。

2. 案例存在的问题（医学专业问题、文字表达、从学生的视角出发存在的问题）

（1）学生第一次接触胸片，完全没有概念，需要给学生一些扩展阅读内容进行补充。

（2）时间安排过于充裕。

3. 意见或修改建议

胸片可以结合临床呼吸内科见习环节进行，同时促使学生在呼吸内科见习后增加对肺气肿和气胸等疾病的感性认识。

（二）学习目标完成情况

两组学生均能较好地完成学习目标。

（三）学生表现

学生对案例内容、案例编排以及同时进行的呼吸内科见习非常满意，这个案例达到了预期目标。

七、PBL 课后学生形成的学习目标

A 组

1. 呼吸系统的解剖和组织结构

2. 呼吸、喘息和咳嗽的生理或病理生理过程

3. 黄痰的成分及其产生的过程

4. 肺部叩诊呈鼓音及呼吸音减弱的诊断意义

5. COPD 的诱因、发病机制、临床表现及治疗

6. 气胸的诱因、分类、临床表现及治疗

7. 胸部 X 线摄片原理，解读案例中的胸片（桶状胸的表现，肺纹理代表的意义）

8. 香烟的各成分及其对呼吸系统的影响

9. 吸烟成瘾的机制和戒烟的方法

10. 医院的随访制度

11. 如何有效地劝导戒烟

12. 烟草市场及相关政策规定

B 组

1. 呼吸系统的基础知识（解剖、组织学与胚胎学、生理）及呼吸系统对心脏的影响

2. 咳嗽咳痰的生理及病理生理过程

3. 肺部叩诊呈鼓音及呼吸音减弱的诊断意义

4. 胸部 X 线摄片的机制及解释胸廓膨隆、肺纹理增粗的诊断意义

5. 气胸导致胸痛的原因

6. 吸烟对呼吸系统的损害

7. 呼吸系统受季节变化的影响

8. 止痛药的购买及使用规范

9. 吸烟和二手烟危害的宣教

八、PBL 课后学生对案例的反馈

对于本案例，我们认为其中内容安排较为妥当，但仍有大量进步空间。

优点如下：

首先，案例语言足够精炼，降低阅读难度，方便提炼信息，同时可以尽量避免学生讨论方向偏离。

其次，内容安排合理，病程清楚完整，提供了患者的生活背景、发病症状、体格检查结果以及影像学检查结果，此外选用了日常生活常见的健康危险因素——吸烟作为案例背景，引导学生关注吸烟与疾病发生的关系。

再次，案例主体内容较为贴合该阶段学生的学习重点。该阶段学生正在学习呼吸系统解剖与组织学，在解剖和组织学上的思考讨论与头脑风暴会因学生有部分的基础知识铺垫而进展顺利。

最后，人文目标上，案例指向了中国医院的随访制度。学生热情探讨了随访制度的缺陷并思考该制度的改进之道。这有助于学生早期培养对制度和大局的探索能力。同时案例也涉及药物滥用现象，引发学生对止痛药购买及使用规范的讨论，体现了对医学生职业素养的培养。

缺点如下：

1. 部分案例所涉及的内容与当下学习的人体结构模块中系统解剖学和组织学相关基础知识的联系并不密切，过多关注临床相关知识，这不利于大一学生学习相关基础知识。而且，案例囊括的知识跨度较大，涉及内容包括影像学、内科学、诊断学等相关知识，对大一学生而言难度颇大。

2. 案例中插入了影像学素材，虽然激发了学生的学习兴趣，但更多地制约了学生在其他方向的探索，原因不外有二：一是影像学对该阶段学生的难度偏大，学生不得不花费大量时间在解读胸片上；二是影像学素材作为一个 PBL 新元素（对于这阶段的学生的新元素），不可避免地引起学生过度的关注，这也影响了对案例的全方位发散思维。

3. 本案例仅一幕，没有给予学生更大的头脑风暴空间，这也降低了案例文本内容的趣味性，使影像学内容盖过了基础知识内容，不利于学生的人体结构学习。针对此点，可以扩充内容并分割为两幕，第一幕以文本为主，第二幕以影像学为主。

乏力的患者
无助的医生

课程名称：人体结构模块

使用年级：一年级

撰 写 者：李 雯　林常敏

审 查 者：PBL 工作组

汕头大学医学院
ShanTou University Medical College

一、案例设计缘由与目的

（一）涵盖的课程概念

"乏力的患者　无助的医生"为人体结构模块中神经系统基础知识与临床疾病相联系的一个案例，以吉兰－巴雷综合征患者在感冒后出现了周围神经病变，在医院诊治过程中症状加重等一系列事件作为切入点，引导学生对神经系统的内容进行全面、综合的学习和讨论。本案例描述了吉兰－巴雷综合征这一周围神经病，表现为四肢乏力、双手不能持物、行走困难及肢体"蚁走感"等肢体运动和感觉障碍的症状和体征，这些是日常生活中和神经疾病诊疗中经常会遇到的情境，是公众和医务工作者都关心的问题；既是个体问题，也是社区、群体的问题。神经系统解剖是学习神经系统临床知识的基础，让学生理解学习神经系统解剖的重要性。

（二）涵盖的学科内容

解剖层面　解剖学上神经系统如何分类？神经系统的上行传导系统和下行传导系统如何组成？如何走行？

组织层面　组织学上周围神经纤维如何分类？分别有什么功能？损伤后会出现什么临床症状？

生理层面　脑脊液的成分是什么？如何产生？如何循环？

病理层面　吉兰－巴雷综合征患者周围神经的病理改变有何特征？

感染层面　患者突发周围神经病变和半个月前的感冒是否有联系？若有，感冒如何引起周围神经病变？

临床层面　周围神经病变的临床表现是什么？如何进行诊断和治疗？

行为层面　如何进行有效的医患沟通？当今医患沟通中出现信息不对称的问题要如何解决？如何学会在保护自己权益的情况下救死扶伤？

社会层面　在医疗行为过程中，气管插管等操作在紧急情况下是否必须经过家属同意方可进行？

（三）案例摘要

周先生在淋雨感冒半个月后出现肢体乏力等症状，送往医院后，被诊断为"吉兰－

巴雷综合征"。诊疗过程中，其症状逐渐加重。负责医师申医生因无法与患者及家属进行及时有效的沟通，被患者家属误解，出现了一系列问题。无能为力的申医生最后向上级报告，寻求帮助。

（四）案例关键词

肢体麻木（numbness of extremities）

疲劳（fatigue）

中枢神经系统（central nervous system）

周围神经（peripheral nerves）

吉兰 – 巴雷综合征（Guillain-Barre syndrome）

脑脊液（cerebrospinal fluid，CSF）

知情同意（informed consent）

二、整体案例教学目标

（一）学生应具备的背景知识

学生应学习了"人体结构模块"课程中神经系统解剖的内容，同时对神经、肌肉电生理有一定的理解。

（二）学习议题或目标

1. 群体 – 社区 – 制度（population，P）

医生人身安全受到患方威胁时，不同的国家和地区各有什么保障措施？

2. 行为 – 习惯 – 伦理（behavior，B）

（1）如何根据不同的病患层次采用不同的沟通方式？

（2）从心理学的角度如何把握最佳的医患沟通时机？

3. 生命 – 自然 – 科学（life science，L）

（1）周围神经的解剖结构与生理功能是怎样的？

（2）脑脊液产生的机制、成分、循环通路是什么？

（3）周围神经的种类与功能是什么？

（4）神经系统信息传递的机制是什么？

（5）周围神经损伤的类型是什么？

（6）引起面瘫和肢体瘫痪的常见原因是什么？

（7）脑神经的种类与功能是什么？

（8）周围神经损害可能累及的机体功能（运动／感觉／自主神经功能）是什么？

（9）吉兰－巴雷综合征致周围神经和脊神经瘫痪的组织形态学基础是什么？

三、整体案例的教师指引

1. 因神经系统的学习和理解记忆难度较大，加上案例中涉及一些神经系统检查的临床技能议题，可能导致学生在案例理解上出现困难。教师可在学生无法继续讨论时适时进行提示，如告知"近端肌力 4+ 级"的含义。

2. 本案例涉及呼吸机、气管插管等一些新议题，教师可引导学生了解其定义，但不要求深入学习。

3. 在关注医学知识点的同时，教师需要让学生关注医患沟通问题。医生在与患者的沟通过程中使用专业术语、没有就疾病的转归与家属进行沟通等问题需要提示学生进行思考。此外，就学生目前的学习阶段而言，尚缺乏临床操作中的法律意识，可通过本次 PBL 引导其思考医师进行未授权诊疗行为的合法性。

第一幕

10 月 21 日是个台风天，台风登陆前后风雨横袭，周先生在赶回家的路上湿透了身，感冒了一场。半个月后的一天晚上，周先生突然觉得四肢乏力，双手不能持物，行走困难，肢体像有无数蚂蚁在上面行走般难受，在家人的搀扶下"拖"着脚步来到了医院。

急诊科的接诊医生大致询问了病情，做了简单的体格检查，考虑神经系统病变，便请神经内科申医生来会诊。申医生检查后发现，周先生双侧额纹消失，双侧鼻唇沟浅，双上臂基本能上抬，近端肌力 4+ 级，但是双手不能握拳，远端肌力 3 级，双下肢肌力 3 级，四肢腱反射消失，双侧病理征（－）。申医生向患者家属解释了病情：周先生突发的双侧对称的周围性面瘫和肢体瘫痪，考虑周围神经病变可能性大，需要住院进一步检查和治疗，目前判断病情随时可能加重，并有可能影响支配呼吸的神经。

入院后行腰椎穿刺术，结合病史和脑脊液结果制订实施了治疗措施。脑脊液结果如下：

检查项目	结果	标志	参考值
脑脊液颜色	无色		
脑脊液透明度	透明		
细胞数	5×10^6 /L		（0~10）$\times 10^6$ /L
葡萄糖	3.2 mmol/L		2.8~4.48 mmol/L
氯化物	125.3 mmol/L		119~127 mmol/L
蛋白质	0.61 g/L	↑	0.2~0.4 g/L

关键词

肢体麻木

神经（nerve）

周围神经

腰椎穿刺术（lumbar puncture）

脑脊液

重点议题 / 提示问题

1. 周围神经系统的解剖结构、组织结构如何？有何生理功能？

2. 患者运动障碍的原因是什么？与神经系统有什么关系？运动是如何产生和传导的？

3. 患者皮肤感觉异常的原因是什么？与神经系统有什么关系？皮肤的感觉信息有哪些？感觉信息是如何传导的？

4. 什么是反射？由哪几部分构成？腱反射和病理反射有什么不同？

5. 周围神经系统如何划分？有什么作用？

6. 什么是瘫痪？如何分类？本案例瘫痪属于哪一类？

7. 什么是周围性面瘫和肢体瘫痪？分别涉及运动传导通路中哪个部分的病变？如何定位？

8. 腰椎穿刺的位置如何选择？需要经过哪些解剖结构？

9. 医师在医患沟通中使用医学术语有何弊端？

教师引导

本案例含有临床技能的议题（神经系统体格检查），在低年级学生中应用此案例时，不建议在第一幕将体格检查作为学习目标。

第二幕

住院几天后，周先生的病情并没有得到改善，四肢反而完全瘫痪，不能动弹，吞咽困难，只能吃少量糊状的食物，精神越来越差。医生再次和周先生的妻子沟通："根据周先生脑脊液的检查结果，目前考虑周先生患的是一种叫做'吉兰－巴雷综合征'的周围神经病，所以导致脑神经和控制肢体运动的脊神经瘫痪，如果病情再进展，可能会累及控制呼吸的神经，那样的话就有生命危险。"周先生的妻子只是一个劲地哭，紧握着医生双手："医生，求求你救救他，求求你了，你们是大好人，我们没文化的乡下人，什么都不懂，什么都听医生的。"

当天晚上，患者病情进一步加重，出现呼吸困难的现象，值班医生与周先生的妻子说可能随时需要上呼吸机，周先生的妻子说她做不了主，要等小孩来才能决定和签字。紧急时刻，值班医生只能行气管插管术，给周先生上了呼吸机。在患者生命体征稳定后，周先生的孩子和一大群亲戚来到病房，一来到就大吵大闹："你们这些医生，我爸的病给你们越治越重，上个星期走着进来，会说会吃，现在你跟我说他要没了，你们这群庸医！我爸要是没了，有你们好看的！"周先生的儿子拒绝在病危通知单上签字，并以医院有责任为由，拒绝再缴交住院费用。

申医生把情况向上级汇报。他感到深深的无力，他觉得自己的心里有一根刺，轻轻一碰，都会痛彻心扉。

关键词

脑神经（cranial nerve）

脊神经（spinal nerve）

周围神经

吉兰 - 巴雷综合征

呼吸衰竭（respiratory failure）

重点议题／提示问题

1. 脑脊液的成分是什么？如何产生？如何循环？

2. 脑神经包括哪些？分别发挥什么功能？

3. 周围神经损害可累及哪些机体功能（运动、感觉、自主神经功能）？

4. 吉兰 - 巴雷综合征有何病理学改变？如何导致周围神经和脊神经瘫痪？

5. 周围神经发生损伤的可能组织部位是什么？

6. 如何针对不同层次的患者和家属人群，进行有效的医患沟通？沟通失败可以采取什么补救措施？

教师引导

1.本案例的主要议题为周围神经系统，其中呼吸机、气管插管等议题为新概念，可引导学生查找其定义，但仅作了解，不要求深入学习。

2.对于医患沟通的议题，学生可能会有"无力感"，因为这样的议题很难找到有价值的学习资料，难以进行深入思考和讨论。可尝试采用"角色扮演"的方法让学生身临其境地感受医生和患者的心情、处境。为什么患者家属会这么闹？为什么患者家属会拒绝签字、缴交费用？如果医生采用非术语的沟通方式，结果是否会有不同？

四、参考资料

1. Katirji B, Kaminski HJ, Ruff RL. Neuromuscular disorders in clinical practice[M].New York: Springer, 2013.

2. www.uptodate.com

3. Shaw J, Dunn S, Heinrich P. Managing the delivery of bad news: an in-depth analysis of doctors' delivery style[J]. Patient Education & Counseling, 2012, 87(2):186-192.

五、PBL 带教前会议记录

参加者：案例作者、模块负责人、带教教师

案例名称：乏力的患者　无助的医生

会议内容

（一）主要议题

作者介绍案例中的情节与重点议题的关系，包括"四肢乏力、行走困难、双手不能持物"为双侧对称性的运动神经受累的表现；"无数蚂蚁行走般难受"是感觉神经受累表现，可以区别于肌肉病变引起的运动障碍；同时还有脑神经受累的症状（额纹、鼻唇沟变浅）；双侧肌力低下也是周围神经损伤的表现。

（二）案例重点问题

去除"双下肢肌张力低下"这种机制不清的剧情，避免学生不必要的纠结；第一幕加入沟通的议题，主要是医生解释病情时无法用患者可以理解的生活语言，导致沟通效果不佳，为后文埋下伏笔；第二幕更是强调沟通的问题，引导学生思考如何进行良好的医患沟通。

加入脑脊液的学习议题。

六、PBL 带教后会议记录

参加者：案例作者、模块负责人、带教教师

案例名称：乏力的患者　无助的医生

会议内容

（一）案例使用反馈

1. 案例可以引导学生通过逻辑思维从症状推导出发病的部位，最后结合组织学的知识推导到神经纤维的病变。但难度可能比较大，需要对引导的思路进一步思考。

2. 存在的主要问题及建议

两组学生由于上周中枢神经系统通路未熟练掌握，给这周的讨论带来了很大的难度，学生比较受打击。但从课后的反馈看，学生吸取了教训，理解了为什么要回归基础知识和课本。

（二）学生表现

A 组：讨论过程流畅，效果令人满意。

B 组：学生对上行传导系统、下行传导系统的内容（上周学习内容）掌握不牢，无法用画图、描述的方式展示，导致在对症状的病变部位进行定位时出现困难。

七、PBL 课后学生形成的学习目标

A 组

1. 分析案例中的神经损伤是否为感冒引起。

2. 学习面神经、迷走神经、三叉神经、脊髓损伤的临床表现。

3. 瘫痪的定义是什么？临床上如何分类？

4. 如何区分周围神经病变与中枢神经病变？

5. 学习主要的腱反射及其反射弧的构成。

6. 学习吉兰 - 巴雷综合征的病因、发病机制、临床表现、检查、治疗、预后。

7. 吉兰 - 巴雷综合征为何只累及周围神经，不累及中枢神经？

B 组

1. 学习四肢、面部、呼吸神经的解剖及功能。

2. 学习神经损伤的种类及加重的作用机制。

3. 临床上肌无力如何定义、分级？

4. "蚁走感"的成因是怎么？有什么临床意义？

5. 什么是病理征？有何临床意义？

6. 学习吉兰－巴雷综合征的病因、发病机制、检查、治疗、预后。

7. 简单了解气管插管的操作。

8. 患者手术／治疗的签字责任人可以有哪些？

9. 腱反射的定义是什么？有何临床意义？

P、B 部分

1. 讨论"患者妻子不敢做主是否插管"的原因及在此情况下医生该如何处理。

2. 在家属拒绝交费、签字情况下，医生应该如何处理？有何原则？

3. 在患者病情加重的情况下应该如何与患者及其家属进行沟通？

4. 在病危情况下，家属拒绝治疗导致后果的责任应如何归属？应该如何处理？

八、PBL 课后学生对案例的反馈

在知识学习上，我们认为此案例十分贴合当时的学习阶段。当时我们正在学习解剖学、组织学的神经章节，具有知识基础，利于对案例的讨论分析。此外，学习吉兰－巴雷综合征这个周围神经病变帮助我们回顾学过的部分神经知识，让我们发现了自身知识基础的许多不足，更好地引导我们进一步学习神经章节。

在学习内容量设置上，由于吉兰－巴雷综合征涉及知识深度较深，某些症状的发生机制尚不明确而仅有猜想（如为何发病是从远端向近端发展），导致有些同学认为在查阅资料时会花费较多的时间，理解也有难度，也使得人文部分没有充足时间讨论；但也有同学认为症状具体机制不明对深入思考是很有帮助的，能在课堂上提出很多有意义的猜想。值得一提的是，此部分讨论需要老师很好地引导，防止讨论走偏。

对于人文部分，我们认为此案例贴合实际生活，如"周先生的妻子说她做不了主，要等小孩来才能决定和签字""周先生的儿子拒绝在病危通知单上签字""家属拒绝签字后发生事故的责任分配"等这些实际发生过的人文事件给了我们很大的警醒。尽管我们认为此案例人文部分偏多，但考虑到学习此案例时我们正处于刚步入医学的第一年，仍需要拓展及思考患者及其家属的人文状况及医患关系、培养解决不良医患关系的能力，因此我们认为此案例设置如此多的人文问题可以接受。总而言之，此案例学习难度中等偏上，对相应阶段的学习和人文思想培养很有帮助，同学们对此案例兴趣较大。

PBL 案例教师版

不同寻常的痛经

课程名称：人体结构模块

使用年级：一年级

撰 写 者：刘淑岩

审 查 者：PBL 工作组

一、案例设计缘由与目的

（一）涵盖的课程概念

"不同寻常的痛经"为人体结构模块中女性生殖系统基础知识与临床疾病相联系的一个案例。以青年男女不懂得外生殖器卫生保健和缺乏避孕知识导致异位妊娠作为切入点，引导学生对女性生殖系统的内容进行全面、综合的学习和讨论。本案例描述了与女性生殖系统密切相关的异位妊娠，其表现为停经、腹痛、阴道出血等症状，是青年女性经常遇到的生活情境，也是妇科医生经常会遇到的临床病例，是公众和医务工作者都关心的问题。

在本课程中，其一，学生会探讨女性生殖系统的解剖、组织和生理知识（解剖、组织和生理）；其二，学生会探讨异位妊娠的病因、临床表现、辅助检查、诊断、鉴别诊断和治疗原则（病理、诊断和治疗）；其三，学生也会关注青年女性和男性伴侣往往不懂得外生殖器的清洁卫生，这是导致女性生殖系统炎症的重要原因，反映了全社会生殖卫生知识的匮乏（人文社会）。

在这些基础上，学生还可以讨论在性生活中如何采取有效的避孕措施，人工流产对女性内分泌及生殖道损伤的影响，由生殖道炎症所致的异位妊娠的机制，以及普及生殖系统炎症和人工流产可能导致不孕症的观念。

（二）涵盖的学科内容

解剖层面　女性生殖系统包括哪些结构？形态、位置和功能是什么？

组织层面　女性生殖系统的组织微观结构是什么？

生理层面　女性生殖系统有何生理功能？如何受精和着床？受精和着床的过程是怎样的？正常月经、妊娠、避孕之间的生理关系是什么？

病理层面　异位妊娠好发部位是哪里？异位妊娠的常见病因有哪些？人工流产对女性内分泌系统及生殖系统有何损害？生殖道炎症的病理机制是什么？

临床层面　异位妊娠的危险因素和临床表现是什么？如何进行异位妊娠的辅助检查、诊断及鉴别诊断、初步治疗？

药理层面　口服避孕药的药理机制是什么？为何口服了紧急避孕药还会发生怀孕？

照顾层面　女性如何做好生理防护？输卵管手术的术后护理有哪些？

行为层面　不了解生理防护及避孕知识会有什么危害？

社会层面　如何进行有效的生理卫生知识宣传？

（三）案例摘要

本案例从患者的症状（停经、腹痛、阴道流血）、体征（痛苦面容、贫血貌、病灶区压痛、子宫漂浮感）及辅助检查结果（穿刺抽出不凝血，HCG+，超声提示右附件妊娠，腹腔内出血）入手，同时提示流产史和阴道炎表现，明确诊断异位妊娠并治疗，同时提醒了患者注意男女双方外生殖器卫生保健、有效避孕措施的重要性。了解有效避孕措施相关知识，宣传随意人工流产对女性内分泌及生殖道损伤的影响，如可能导致异位妊娠甚至不孕等不良后果。

（四）案例关键词

腹痛（abdominal pain）

异位妊娠（ectopic pregnancy）

输卵管妊娠（tubal pregnancy）

盆腔炎性疾病（pelvic inflammatory disease）

妊娠试验（pregnancy tests）

穿刺术（punctures）

二、整体案例教学目标

（一）学生应具备的背景知识

学生需要具备基础医学中有关女性生殖系统的组织结构、解剖结构、生理功能及病理方面的知识。

（二）学习议题或目标

1. 群体 – 社区 – 制度（population，P）

有效避孕的措施有哪些？如何预防女性生殖道感染的发生？

2. 行为 – 习惯 – 伦理（behavior，B）

（1）如何普及有效避孕的相关知识，以避免女性不必要的人工流产？

（2）如何普及男女外生殖器卫生保健知识，从而预防女性生殖道感染发生？

（3）如何防治一些常见不良卫生习惯引起的生殖系统疾病？如何认知健康生活方式？

3.生命－自然－科学（life science，L）

（1）正常月经、妊娠、避孕之间的生理关系是什么？

（2）人工流产的机制及其对妇女健康的影响是什么？

（3）生殖道炎症的病因及其对妇女健康的影响是什么？

（4）异位妊娠的概念、病因、危险因素、临床表现、诊断、鉴别诊断和治疗是什么？

三、整体案例的教师指引

1.本案例内容涵盖的知识比较多，让学生对患者的日常行为进行梳理和思考，引导学生认识可能导致疾病的行为、相应的健康生活方式。

2.引导学生思考生殖道感染与异位妊娠之间的关系。

3.引发学生思考流产与生殖器官损伤、内分泌功能失调及生殖道感染之间的联系。

4.提醒学生对医学行为、道德与职业素养、人文关怀等方面的思考。

第一幕

　　周末晚饭后，晓丽和未婚夫小刚约了去看电影。电影院门口上了几级台阶，晓丽突然觉得右下腹很痛，疼得挪不动脚，过了一会儿又觉得肛门坠胀，好像有大便，上完厕所还是有坠胀感。而且晓丽感觉整个腹部都开始疼了，于是出来和小刚说："好像又痛经了，不能看电影了。"小刚看到晓丽痛得脸色都白了，赶紧叫了出租车带晓丽去了医院急诊。

　　到了急诊科，医生询问了晓丽的发病经过，还详细询问了月经史、流产史、既往病史等，得知今天是晓丽月经的第三天，血量比以往少些，时而感觉右下腹隐隐作痛，但并不严重。这次月经比平时晚了8天，晓丽自以为这和春节假期回老家过年有关，并没有在意。半年前晓丽曾怀孕，当时因晓丽和小刚二人忙于事业尚没有结婚计划就进行了人工流产。流产后的月经量较流产之前少，不过还比较规律，一般 $\frac{5}{28 \sim 30}$ 天。最近几个月来晓丽白带偏多，时常有难闻的气味，偶尔小腹还会有点不舒服，认为跟自己爱漂亮常穿超短裙又喜欢吃冷饮有关系，遂未到医院检查。经医生追问，晓丽告知这个月和未婚夫在一起后，第二天吃了紧急避孕药，3 天后又在一起过，没有再采取其他避孕措施。

医生为小丽进行了体格检查：体温 36.9 ℃，血压 89/60 mmHg，心率 108 次 / 分，呼吸 21 次 / 分。痛苦面容，面色苍白，神志尚清楚，心肺听诊未见明显异常，腹部略膨隆，腹肌紧张，下腹压痛、反跳痛均阳性，麦氏点稍下方压痛最明显。

关键词

下腹痛（hypogastralgia）

肛门坠胀感（feeling of anal bulge）

停经史（月经推迟）（history of menopause）

月经稀发（月经量少）（oligomenorrhea）

重点议题 / 提示问题

1. 什么是月经？与哪些解剖结构有关？机制是什么？

2. 妊娠（怀孕）在医学上指的是什么？包括哪些阶段？与哪些解剖结构有关？

3. 什么是人工流产？有什么作用？

4. 肛门位于哪里？有什么毗邻结构？肛门坠胀感的发生机制是什么？

5. 腹部、右下腹、小腹和下腹如何划分？分别有哪些器官？右下腹突然很痛、右下腹隐隐地痛、腹部略膨隆、下腹压痛及反跳痛均阳性等，各自有什么临床意义？

6. 腹肌包括哪些？形态、起止点、作用是什么？腹肌紧张有什么临床意义？

7. 麦氏点指的是哪个解剖部位？右侧麦氏点稍下方压痛有什么临床意义？

教师引导

必要时教师可以选择通过以下提问适时引导学生：

1. 月经晚了 8 天正常吗？

2. 流产后月经量为什么比流产前少？

3. 白带多可能是什么原因？

4. 小腹偶尔不舒服可能是什么原因？下腹部有哪些器官 / 结构？

5. 上了几级台阶后为什么会突然出现腹痛？右下腹有什么器官 / 结构？

6. 肛门坠胀感可能是什么原因导致的？为什么后来扩散到整个腹部都疼？

7. 腹肌紧张、下腹压痛及反跳痛均阳性，提示什么？

8. 女性右侧麦氏点稍下方有什么器官 / 结构？

第二幕

　　医生安排晓丽急查了血常规和尿妊娠试验。尿妊娠试验结果很快出来，显示阳性。急诊医生急请妇科医生会诊。妇科医生给晓丽做了妇科检查，发现子宫稍大、有漂浮感，宫颈抬举痛、摇摆痛均阳性，右侧附件区增厚，压痛、反跳痛均阳性。取了阴道分泌物送检，严密消毒后做了后穹隆穿刺，抽出 2 ml 不凝血。妇科医生让护士立即给患者开通两条静脉通道快速补液，同时做了床旁B超检查，提示右附件包块、腹腔内积血。这时，血常规回报，提示：WBC 9.8×10^9/L，RBC 3.1×10^{12}/L，Hb 95 g/L，PLT 172×10^9/L。遂以异位妊娠（腹腔内出血）、继发贫血收入院，并通过急诊手术治疗。术中发现右输卵管峡部妊娠破裂出血、部分包裹，盆腔慢性炎症，腹腔内出血量约为 550 ml。

　　术后晓丽恢复得很快，其阴道分泌物检查结果也提示支原体阴道病。医生嘱咐晓丽加强营养、注意卫生，治疗阴道炎及盆腔炎，医生还让他们多了解一些避孕方法。医生提醒晓丽不要随意人工流产，否则等以后想要孩子时，可能已经变成不孕症了。几天后晓丽出院了，医生嘱咐1周后复查血常规和人绒毛膜促性腺激素（HCG）等。

关键词

异位妊娠

输卵管妊娠破裂出血（rupture and hemorrhage of tubal pregnancy）

妊娠试验

阴道后穹窿穿刺（puncture of posterior fornix of vagina）

盆腔炎（pelvic inflammation）

重点议题 / 提示问题

1. 什么是妊娠？什么是异位妊娠？异位妊娠如何诊断和鉴别诊断？异位妊娠的发病原因是什么？与阴道炎（可能想到盆腔炎）和人工流产有关系吗？

2. 什么是白带？白带增多考虑什么病变？

3. 腹膜指的是什么解剖结构？什么是腹膜刺激征？有什么临床意义？

4. 后穹隆位于哪里？有什么临床意义？后穹隆穿刺抽出不凝血考虑什么？

5. 为什么输卵管妊娠最多见？与女性生殖系统的解剖组织结构有关系吗？

6. 子宫形态、结构、位置和功能是什么？子宫如何分部？子宫颈指的是哪部分？宫颈抬举痛、摇摆痛的临床意义是什么？

7. 右侧附件指的是哪些解剖结构？有什么作用？

8. 阴道的形态、结构、位置和功能是什么？阴道分泌物有哪些？

9. 输卵管的形态、结构、位置和功能是什么？如何划分？输卵管峡部指的是哪部分？

10. 不孕症的原因有哪些？

11. 如何纠正贫血？（次要议题）

教师引导

第二幕希望学生能够讨论输卵管妊娠的体征、诊断、治疗等，并注意串联

第一幕的临床症状内容。加强学生自我保护意识和相关知识的学习。下列问题可以选择性提示：

1. 提醒学生深入到人体解剖和组织学层面，解释为什么输卵管妊娠多见。

2. 正常受孕过程及着床位置是什么？

3. 为什么口服了紧急避孕药还会怀孕？还有哪些避孕方法适合未婚女性？

4. 下腹器官破裂出血，为什么整个腹部疼痛？

5. 生殖道炎症、人工流产与异位妊娠的发生有关系吗？

6. 社会问题：关注避孕、性卫生知识的普及。

四、参考资料

1. 李继承，曾园山. 组织学与胚胎学 [M]. 9 版. 北京：人民卫生出版社，2018.

2. 谢幸，苟文丽. 妇产科学 [M]. 8 版. 北京：人民卫生出版社，2013.

3. 丁文龙，刘学政. 系统解剖学 [M]. 8 版. 北京：人民卫生出版社，2013.

PBL 案例教师版

王大妈站不起来了

课程名称：人体结构模块

使用年级：一年级

撰 写 者：林海明　胡　军

审 查 者：PBL 工作组

汕头大学医学院
ShanTou University Medical College

一、案例设计缘由与目的

（一）涵盖的课程概念

"王大妈站不起来了"为人体结构模块中骨骼与肌肉系统基础知识与临床疾病相联系的一个案例。以农村劳动者由于长期从事高强度的劳动、不合理使用关节及不规范的治疗等，最终导致其进行人工膝关节置换术的故事作为切入点，引导学生对膝关节等运动系统的内容进行全面、综合的讨论和学习。本案例描述的与膝关节密切相关的骨关节炎，在日常生活中也经常会遇到，是公众和医务工作者都关心的问题——既是个体问题，也是社区、群体的问题。

学生在学习本课程中，会探讨膝关节的结构和功能（解剖、组织学与胚胎学、生理）、膝关节损伤反应（病理）以及膝关节炎的诊断和治疗（诊断和临床），也会探讨农村患者就医难、保健品泛滥和中国农村与城市存在医疗资源分配不均等的社会现象（人文社会）。

（二）涵盖的学科内容

组织层面　骨骼与关节的组织、细胞结构基础是什么？

解剖层面　人体结构中骨与关节的作用是什么？

生理层面　骨骼与关节的生理功能有哪些？

病理层面　骨骼与关节损伤有什么不同的病理过程及病理表现？

药理层面　骨骼与关节保健药的药理作用及效果如何？以硫酸软骨素为例进行说明。

康复层面　关节损伤后如何进行康复护理？

行为层面　如何看待患者推迟就医、自行购买药品或保健品及滥用止痛片等的行为？

社会层面　目前中国农村医疗条件有待提高，医护人员仍配备不齐，中国基层医疗的发展前景如何？

（三）案例摘要

此案例是人体结构模块中骨骼与肌肉系统的案例，案例描述了王大妈因长期劳作出现膝关节疼痛并逐渐加重，开始于当地诊所接受治疗或自行购买药物治疗，病变最终进展到需要进行手术治疗的经过。

（四）案例关键词

膝关节（knee joint）

膝痛（knee pain）

痛风（gout）

风湿（rheumatism）

葡萄糖胺（glucosamine）

软骨素（chondroitin）

维生素 D（vitamin D）

红细胞沉降率（erythrocyte sedimentation rate，ESR）

尿酸（uric acid）

骨质疏松症（osteoporosis）

关节炎（arthritis）

人工膝关节（artificial knee joint）

二、整体案例教学目标

（一）学生应具备的背景知识

学生应该学习了系统解剖学的运动系统及组织学与胚胎学的骨与软骨，对于肌肉骨骼的形成发育及解剖生理作用已有一定的基础。

（二）学习议题或目标

1. 群体 – 社区 – 制度（population，P）

（1）在中国，农村与城市存在医疗资源分配不均的现象，应该如何改善？目前有什么变化？

（2）膝关节疼痛较常发生在哪一类人群？

（3）骨质疏松症较常发生在哪一类人群？

2. 行为 – 习惯 – 伦理（behavior，B）

（1）王大妈的膝关节疼痛与她的生活习惯有什么关系？

（2）你认识像王大妈这样长期膝关节疼痛的人吗？膝关节疼痛对他们的生活有什么影响？

（3）如何看待患者自行购买药品或保健品用于缓解症状，以及滥用止痛片的行为？

（4）关节损伤后如何进行护理以促进康复？

3. 生命－自然－科学（life science，L）

（1）关节、软骨及软骨下骨有什么组织结构特点？构成骨组织的细胞有哪些？

（2）参与骨组织的新陈代谢的细胞有哪些？

（3）骨骼除了作为人体支架，还有什么生理功能？

（4）骨质疏松的发生机制是什么？

（5）骨赘形成的机制是什么？

（6）骨与关节的损伤表现是怎样的？

（7）关节保健品（如硫酸软骨素）的作用效果如何？

（8）膝关节骨性关节炎如何诊疗？

三、整体案例的教师指引

1. 鼓励学生对患者、患者孩子的行为进行讨论，正确看待就医难、医疗保健品泛滥等社会问题。

2. 鼓励学生对诊所医生的行为进行讨论，引发学生对医学行为、道德及职业素养等方面的思考。

第一幕

　　62 岁的王大妈是南方山村的农民，以种菜为生。她每日劳作很辛苦，有时候一天就需要挑十几担水，再把蔬菜送到小镇上去卖。6 年前，王大妈两腿的膝关节开始疼痛，早起的时候经常有僵硬的感觉，需要在床边坐十多分钟才能站起来，活动后僵硬感慢慢缓解，还能够听到膝关节"嘎嘎"响，活动多了疼痛又会加剧，休息后才能够缓解。因村里很多上了年纪的村民都有这个毛病，王大妈并没有在意。

　　4 年前，王大妈因为准备过年，来回奔波在集市与山村之间，但一天早上突然就站不起来了。热心的邻居把村里私人诊所的医生请到家里看诊，医生看到王大妈双手麻溜地织着毛衣，但是双膝有些红肿，给她开了点消炎止痛片，让王大妈休息。1周后肿痛好转了，王大妈到诊所里，想拿点药。医生说王大妈这毛病可能是痛风或者风湿，让她到医院去检查。过年的时候，孩子从城里回来，听说妈妈的关节疼，回去后就给妈妈寄了些葡萄糖胺、软骨素及维生素D，王大妈吃了后说有些好转。

关键词

膝痛

痛风

风湿

葡萄糖胺

软骨素

维生素D

重点议题 / 提示问题

1.膝关节是如何构成的？结构有哪些特点？有什么功能？容易发生哪些损伤？

2.膝关节疼痛的病理机制是什么？

3.什么是痛风？

4.什么是风湿？

5.葡萄糖胺、软骨素、维生素D是什么？为什么吃了有一定的疗效？

教师引导

1. 膝关节疼痛在农村常常被误认为痛风或者风湿，而且处理上常以止痛药为主，在这里可引导学生进行讨论。

2. 在中国农村，医疗条件并不齐全，乡村医师的资质有限，可作为群体 - 社区 - 制度目标讨论。

3. 要注意引导学生讨论关节的结构和功能。

第二幕

到了春天，王大妈又开始在田里劳作。身高 1.60 米的王大妈体重近 80 千克。虽然她仍继续服用止痛药，但是膝关节疼痛发作逐渐频繁，王大妈行动也越来越不方便了，有时疼痛严重到站不起来。孩子赶回来带她到镇医院检查，发现她的膝关节外观已经明显变形且关节周围有压痛感，也不能完全伸直了，医生建议到大医院去进一步检查。

王大妈来到市医院的骨科门诊。医生了解到，王大妈平时喜欢吃青菜，没有大鱼大肉，平时除了膝关节痛，身体还健朗，四肢小关节也没有肿痛病史。抽血化验示：血常规未见明显异常，ESR<40 mm/h，尿酸正常，RF（类风湿因子）（-）。X 线检查显示双侧膝关节间隙变窄，以内侧明显，周围骨赘增生，并有骨质疏松。

医生告诉王大妈，她得的是膝关节骨关节炎，是一种退行性疾病，这种疾病在不同阶段有不同的诊疗方法。根据王大妈目前的病情，只能考虑行人工膝关节置换术了。勤俭了一辈子的王大妈考虑到手术费用高，决定回家和孩子商量一下。

关键词

体重（body weight）

膝关节

红细胞沉降率（ESR）

尿酸

关节间隙（joint space）

骨质疏松症

关节炎

人工膝关节

重点议题／提示问题

1. 影响骨骼发育、退变的内在及外在因素有哪些？

2. 参与骨骼形成（如分化与再生）、新陈代谢的细胞有哪些？

3. 什么是骨质疏松？如何诊断？与王大妈的膝盖疼痛有密切关系吗？

4. 什么是骨赘？骨赘是怎么形成的？

5. 骨质的形成及流失的过程是怎样的？骨质疏松的发生机制是什么？与骨骼的新陈代谢有什么关系？

6. 医院的检查中，在诊断方面涉及什么特殊结构及意义？

7. 骨关节炎的治疗方式有什么？

8. 膝关节间隙位于哪里？由哪些结构构成？膝关节间隙变窄有什么临床表现？

9. 骨质包括哪些成分？大体和微观结构分别是什么？有什么结构特点？

教师引导

关节置换术细节可不进行详细讨论，可不作为学习目标，此处仅作为案例完整性的一部分。

四、参考资料

1. 陈孝平，汪建平. 外科学 [M]. 8 版. 北京：人民卫生出版社，2013.

2. 刘树伟，李瑞锡. 局部解剖学 [M]. 8 版. 北京：人民卫生出版社，2013.

3. 李继承，曾园山. 组织学与胚胎学 [M]. 9 版. 北京：人民卫生出版社，2018.

PBL 案例教师版

眼皮底下的真相 I

课程名称：人体结构模块

使用年级：一年级

撰 写 者：李 雯

审 查 者：PBL 工作组

ShanTou University Medical College

一、案例设计缘由与目的

（一）涵盖的课程概念

"眼皮底下的真相 I"是人体结构模块中神经系统基础知识与临床疾病相联系的一个案例。以神经－肌肉接头疾病作为切入点，引导学生去整合学习有关神经系统的各种议题。

学生在学习本课程中，可以探讨神经系统的结构及其在人体中的功能与地位（解剖），神经－肌肉接头处的兴奋传递和骨骼肌收缩的力学分析（组织），传出神经系统的递质、受体及相关药物的药理机制（生理和药理），神经系统疾病的诊疗及护理（临床和护理），也可以讨论医患沟通技巧、医疗卫生体系现存的弊端及群众的医学常识等（人文社会）。

在这个基础上，学生还可以讨论神经系统不同部位损伤的临床特点和同样的临床表现定位可能有不同的解剖学基础等。

（二）涵盖的学科内容

解剖层面　　支配眼球运动的眼外肌及相应的神经有哪些？

组织层面　　解释肌肉的结构及其收缩特点。

生理层面　　解释神经－肌肉接头的结构及电化学信号传导特点。

药理层面　　胆碱酯酶抑制剂在神经－肌肉接头疾病中的药理作用是什么？

病理层面　　重症肌无力的发病机制是什么？

诊断层面　　出现上睑下垂、复视可能的原因有哪些？肌无力的病因有哪些？

人文社会　　探讨丧偶给中年人带来的沉重打击，认识依从性对患者及时诊断、治疗的重要性。

（三）案例摘要

人近中年、不幸丧偶的季女士身体状况出现了明显的滑坡：失眠、焦虑、复视、眼睑下垂。在家人的劝说下，她来到眼科专科就诊，却被建议转诊神经内科。季女士百思不得其解，但生活的艰难让她只能任由病痛折磨。直到这一天，她在洗手间蹲下后站不起来了，才不得已呼叫急救车送到医院急诊科。神经内科医生会诊后建议她住院并进行一系列检查，最后确定季女士患的是一种称为"重症肌无力"的疾病。经过药物治疗，季女士症状得到明显改善。

（四）案例关键词

神经系统（nervous system）

神经 – 肌肉接头（neuromuscular junction）

重症肌无力（myasthenia gravis）

瘫痪（paralysis）

医患沟通（doctor-patient communication）

二、整体案例教学目标

（一）学生应具备的背景知识

大一的医学生经过医学导论课程的学习及临床预见习的磨练，对疾病及其给患者带来的痛苦有粗浅的感性认识。

（二）学习议题或目标

1. 群体 – 社区 – 制度（population，P）

（1）探讨中年丧偶人群面临的家庭、社会、经济的压力。

（2）分析群众的求医途径及习惯；与发达国家相比，我国现行医疗体系的优势和劣势是什么？

（3）中文"神经内科"四个字给群众带来不少的误解，如何理解患者对就诊"神经内科"的忌讳。

（4）熟知当地医疗急救系统的特点（包括急救电话、院前处理、院内处理流程等）。

（5）探索群众医学知识的来源，理解不同教育背景的人对病情的理解、接受程度的不同。

（6）阐述重症肌无力的流行病学特点。

（7）讨论单亲家庭子女的照顾、教育问题及其在社区中可以求助的资源。

（8）调查非神经内科医生对重症肌无力禁用、慎用药物的认识。

2. 行为 – 习惯 – 伦理（behavior，B）

（1）认识到医者言语措辞恰当的重要性。

（2）现今社会保健品、医疗用品广告的监管部门缺位，使患者迷失，医者如何应对？

（3）认识依从性对患者及时诊断、治疗的重要性，探讨在当今的就医环境中如何提高患者的依从性（沟通、卫教及信任的加强）。

（4）讨论"百度"等搜索网站对就医者心理及行为的影响（引入循证医学的概念）。

3. 生命－自然－科学（life science，L）

（1）解释支配睁闭眼、眼球运动的骨骼肌及相应的神经。

（2）分析出现上睑下垂、复视可能的原因。

（3）解释神经－肌肉接头的结构及电化学信号传导特点。

（4）解释肌肉的结构及收缩特点。

（5）列举肌无力的病因。

（6）描述重症肌无力的发病机制。

（7）分析胆碱酯酶抑制剂在神经－肌肉接头疾病中的药理作用。

三、整体案例的教师指引

1. 本案例的学习内容是神经－肌肉接头疾病，对象是未学习神经解剖等基础知识的医学生。

2. 鼓励学生尽量按照 PBL 的情境提出可以讨论的议题，本案例的目的是联系神经系统的结构与功能，鼓励学生思考神经系统不同部位的损伤、相应的表现及其生理学机制，同时学习神经递质相关的药理学机制。

3. 不要求学生进行疾病的诊断与鉴别诊断的讨论。对于低年级的医学生，他们更感兴趣的可能是疾病的临床表现、诊断与治疗，此时应注意引导学生回到结构、功能方面的知识。例如，当学生问到复视怎么处理时，可以引导学生学习复视的机制，思考该损伤可能定位在神经系统哪个部位。

4. 神经系统涵盖内容广泛，逻辑性强。本案例在低年级的学生中运用，主要作用是引导其探讨神经解剖、神经生理及神经药理方面的内涵；高年级学生使用时，可以深入学习神经系统不同部位损伤的临床特点，或同样的临床表现定位可能不同的解剖学基础等。神经系统的有效学习需要不断地"回头看"神经解剖的内容，从神经解剖到神经临床是初阶学习的过程，从神经临床到神经解剖是必不可少的复习过程，只有这样才能打下扎实的基础。

第一幕

"为什么上天如此不公？"

又是一夜辗转难眠，和丈夫过去的点点滴滴一直在季女士的脑海里萦绕。虽然丈夫因为交通意外离开她已经 1 个多月，但她知道自己需要很长时间才能重新站起来。

对着镜子中憔悴得好像老了十岁的自己，季女士越发伤心，眼皮有时耷拉得快遮挡住视线了，情况稍微好一点的时候，看东西也常常一个看成两个。"你怕是哭得太多，眼睛都哭坏了，赶紧去眼科中心查查吧。"季姐姐对妹妹说。

季女士来到眼科中心就诊，眼科医生安排了一些眼科检查，确定她视力正常，有复视的存在，建议她到神经内科就诊，并在病历上草草写了几个英文字。季女士感到无比的困惑：我是伤心过度，但也不至于得神经病啊，看什么神经科！

回家的路上，由于电台的广播里反复播放着"佳视力"眼贴的广告，季女士购买了一个疗程，晚上睡觉前贴上。季女士发现睡得好的夜晚，第二天晨起时眼皮耷拉的症状会明显好转，但是一到傍晚症状就会重现，如此反复。

关键词

丧偶（widowhood）

眼外肌（extraocular muscles）

复视（diplopia）

眼科学（ophthalmology）

神经内科（neurology）

保健品广告（advertisements of health care products）

重点议题 / 提示问题

1. 丧偶给中年人带来哪些沉重打击？

2. 眼皮指的是什么解剖结构？如何构成？有什么作用？

3. 支配眼睑和眼球运动的骨骼肌及相应的神经有哪些？（出现上睑下垂、复视可能的原因是什么？）

4. 眼科医生未作详细解释即建议转诊，从医者及患者角度考虑各自的出发点是什么。

5. 保健品广告对公众健康行为有哪些影响？

6. 患者未遵医嘱及时转诊治疗，导致病情加重，这会导致哪些社会问题？（医患间的信任、医疗支出等）

教师引导

这一幕最后一段涉及肌疲劳"晨轻暮重"的临床特点，若学生未能发现，可暂时不引导学生讨论这一议题。

第二幕

120救护车把季女士从家中送到急诊室，尽管她说话费力，接诊的朱医生还是细心聆听着她的每一句话，并反复询问以确定没有理解错误。原来季女士近1周来出现咳嗽，渐渐地，眼皮耷拉也没有好转，看东西重影的现象也是持续存在，现在觉得四肢乏力，双手无法上抬，今晚上洗手间后无法站起，不得已呼叫120。

朱医生为季女士进行了简单的体检，便让护士抽血检查，并呼叫神经内科医生来会诊。

神经内科的牛医生听了朱医生介绍病情后，不由得埋怨季女士："为什么拖了这么久才就医，这样很危险，赶紧办理手续住院！"

牛医生花了30分钟为季女士进行了体格检查，发现季女士眼外肌活动受限、四肢近端肌力减退；当让季女士用力眨眼50次后，眼皮牵拉得更明显了；随后，护士为季女士肌内注射了一支"新斯的明"针，季女士眼前突然亮了，看东西也不重影了，全身乏力的症状也马上得到改善。

随后，牛医生叫上季女士的家人，向他们解释了病情。季女士患的可能是一种比较罕见的疾病——重症肌无力，这是影响神经－肌肉接头的病，轻者视物重影，重者不能自主呼吸，确诊还需要进一步完善检查。

几天后，所有检查完成，季女士被确诊为"重症肌无力"，并接受药物治疗，病情逐渐好转。

关键词

肌无力（muscle weakness）

急救系统（first aid system）

神经－肌肉接头（neuromuscular junction）

重症肌无力（myasthenia gravis）

胆碱酯酶抑制剂（cholinesterase inhibitors）

重点议题 / 提示问题

1.维持正常言语的机制是什么？言语困难可能的原因有哪些？

2.维持眼球共轭的机制是什么？复视可能的原因有哪些？

3.维持正常肌力的机制是什么？肌无力可能的原因有哪些？

4.疲劳试验的意义是什么？

5.胆碱酯酶抑制剂在神经－肌肉接头疾病中的作用是什么？

6. "新斯的明"是什么类型的药？为什么那么神奇？

7. 如何向患者及其家属解释罕见病的病情？

8. 重症肌无力的发病机制是什么？

教师引导

关于胆碱酯酶抑制剂，可适当展开讨论，比如引导学生关注疗效的判断及副作用，因为其涉及神经递质的生理功能。这个议题是肌肉（尤其是骨骼肌）功能的重要概念之一。

四、参考资料

1. Abbas Jowkar. Myasthenia Gravis[N/OL]. Medscape, 2018-08-27[2019-03-26]. http://emedicine.medscape.com/article/1171206-overview.

2. Meriggioli MN, Sanders DB. Autoimmune myasthenia gravis: emerging clinical and biological heterogeneity. Lancet Neurol, 2009, 8:475-483.

3. Mahadeva B, Phillips LH 2nd, Juel VC. Autoimmune disorders of neuromuscular transmission. Semin Neurol, 2008, 28:212-231.

4. Farrugia ME, Vincent A. Autoimmune mediated neuromuscular junction defects. Curr Opin Neurol, 2010, 23:489-496.

5. Silvestri NJ, Wolfe GI. Myasthenia gravis. Semin Neurol, 2012, 32:215-222.

PBL 案例教师版

揪心的张同学

课程名称：人体结构模块

使用年级：一年级

撰 写 者：吴　凡　张忠芳

　　　　　黄展勤

审 查 者：PBL 工作组

汕头大学医学院
ShanTou University Medical College

一、案例设计缘由与目的

（一）涵盖的课程概念

本教案为人体结构模块心脏部分适用案例。本案例从患者症状（胸痛、胸闷及头晕）、体征（心动过速及期前收缩）、辅助检查结果（心电图结果显示"窦性心动过速"及"偶发室性期前收缩"；超声心动图提示"二尖瓣关闭不全"，射血分数正常，无心包积液）切入，学生可以围绕这些信息学习心脏结构和功能以及临床多个层次的内容。

（二）涵盖的学科内容

解剖层面　学习心脏房室、瓣膜及心包结构。

生理层面　学习心脏泵功能、心脏传导系统功能及其神经内分泌调节。

病理生理层面　学习冠脉血液循环及缺血相关表现。

感染免疫层面　学习上呼吸道病毒感染与心脏自身免疫性损伤。

行为伦理层面　关注医患沟通的重要性。

（三）案例摘要

本案例中的小张是一位高三学生，半个月前曾患感冒，当时有喉咙痛及低热，自己服用感冒药几天后症状消失。但近2天来自觉爬楼梯时有胸闷及胸部隐痛。在参加学校体育毕业考试时，跑200米后觉得明显头晕，站立不稳，送校医室后医生发现心率很快，即转市医院进一步诊治。在市医院进行了相关检查，体检发现期前收缩（早搏）及二尖瓣听诊区收缩期杂音，心电图检查提示"窦性心动过速"及"偶发室性期前收缩"，超声心动图提示"二尖瓣关闭不全"，遂以"病毒性心肌炎"收入院诊治。

（四）案例关键词

病毒性心肌炎（viral myocarditis）

胸痛（chest pain）

头晕（dizziness）

心电图（electrocardiography）

窦性心动过速（sinus tachycardia）

室性早搏（ventricular premature beat）

超声心动图（echocardiography）

二尖瓣关闭不全（mitral valve insufficiency）

二、整体案例教学目标

（一）学生应具备的背景知识

学生需要大致了解心脏及其邻近器官的解剖结构及生理功能。

（二）学习议题或目标

1. 群体 – 社区 – 制度（population，P）

（1）针对中国教育体系下的高三学生群体，如何关注他们的身心健康状况？

（2）心血管疾病在全国疾病发生率及死亡率占有什么地位？

2. 行为 – 习惯 – 伦理（behavior，B）

（1）如何与患者及其家属进行有效的沟通及心理疏导？

（2）有什么不良生活行为容易导致心血管病？

3. 生命 – 自然 – 科学（life science，L）

（1）心脏的位置及心房、心室、瓣膜、冠脉、心包的结构特点如何？

（2）冠脉循环的基本组成及分布如何？

（3）心脏电活动的产生机制是什么？心脏传导系统如何组成？机体如何调节心率？室性期前收缩产生的病理生理机制如何？心电图的基本原理是什么及如何解读？

（4）心肌炎对患者心脏泵功能有何影响？与其他组织的发炎有何异同？

（5）病毒性心肌炎与上呼吸道感染及自身免疫反应间有何关系？

三、整体案例的教师指引

本案例是人体结构模块心脏部分的案例。学生为大学一年级，应当尽量让学生汲取与临床相关的医学基础知识，所以案例设计由临床问题出发，但并不太复杂，既可激发学生以临床问题来学习人体结构相关知识的兴趣，又不会使学生面临过多的困难。

1. 在生命科学领域，鼓励学生以患者的症状来切入，透过现象去探索这些症状与人体结构病变间的潜在关系及基础机制。

2. 心脏的结构与生理功能的探讨无法割裂开来，相关的改变体现在患者症状、体征及辅助检查结果的多个层面。所以本案例设计了并不太复杂的相应改变，鼓励学生从心脏结构、心脏心肌泵（收缩及舒张）功能、心脏电活动等多角度进行探讨。

第一幕

　　小张是一位高三男生，平时住校，周末才回家。他比较内向，学习刻苦，成绩中等。马上要高考了，所以近期经常熬夜，周末也常留在学校学习。这段时间天气冷暖不定，很多人都感冒了，半个月前小张也出现喉咙痛和低热，自己吃了点感冒药，仍坚持上课及自习，并没有告诉老师和家长，过了几天感觉没事了。但这两天他爬楼梯的时候会有些胸闷，还有隐隐的胸痛。

　　今天上午是体育课的毕业考试，跑完200米的时候，他感觉心慌，头很晕，站也站不稳，老师和同学赶紧将他送到了校医室。校医询问了他的近况，发现他是心前区痛，并发现他心率很快，115次／分，于是告诉小张他的心脏可能有问题。小张说前几天高考体检的时候还挺正常，现在心跳怎么会这么快？校医马上联系了救护车，把他送到了市医院。

关键词

胸闷（chest distress）

胸痛

心悸（palpitation）

头晕

心率（heart rate）

重点议题 / 提示问题

1. 心前区的胸痛可能由哪些胸腔内结构的病变所导致?

2. 心脏的结构(心房、心室、心肌、冠脉、心包)与患者胸痛间的关系如何?

3. 胸闷可能由什么原因导致的?心脏的正常功能及调节机制是什么?

4. 成年人正常心率是多少?心率加快的原因是什么?

5. 运动后突发的头晕及站立不稳可能的原因是什么?与心脏泵功能的关系如何?

6. 针对中国教育体系下的高三学生群体,如何关注他们的身心健康状况?

教师引导

这里由患者的症状作为切入点学习基础医学,应当引导学生围绕它们重点讨论心脏的结构及泵功能之相关议题。

第二幕

到了市医院以后,医生详细地询问了他的情况,并给他做了体格检查。结果显示:呼吸 20 次 / 分,血压 100/70 mmHg,心率 105 次 / 分,偶有期前收缩,第一心音减弱,二尖瓣听诊区有收缩期杂音。也给他做了相关辅助检查,心电图显示:窦性 P 波,窦性心动过速,偶发室性期前收缩。超声心动图提示:房室大小正常,射血分数 55%;二尖瓣关闭不全,无心包积液。医生建议住院进一步诊治。

此时,小张的母亲也急忙赶到了医院。孩子马上就要高考,现在又要住院,她非常焦虑。小张也很担心会落下功课,不想住院治疗。医生耐心地告诉他们初步诊断考虑是"病毒性心肌炎",并解释了这个病的严重性,以及住院治疗的必要性,得到了他们的理解。小张积极配合进一步治疗,几天后顺利出院。

关键词

期前收缩（早搏）（premature beat）

第一心音减弱（soft first heart sound）

二尖瓣听诊区（auscultatory mitral area）

收缩期杂音（systolic murmur）

心电

窦性 P 波（sinus P wave）

窦性心动过速

室性期前收缩（早搏）

超声心动图

射血分数（ejection fraction）

二尖瓣关闭不全

心包积液（hydropericardium）

病毒性心肌炎（viral myocarditis）

重点议题 / 提示问题

1. 心脏各房室及瓣膜在收缩期和舒张期的活动规律是什么？

2. 心脏各个瓣膜听诊区的部位如何？

3. 心音的产生与瓣膜活动间的关系是怎样的？分析该患者第一心音减弱的原因。

4. 心脏杂音的产生机制如何？

5. 结合心脏电活动的产生及传导，心电图的基本构成及各个波所代表的意义如何？（非重点）

6. 如何对患者及家属进行心理疏导与有效沟通？

教师引导

1. 本幕中的体检及辅助检查结果均呈部分异常，但并不复杂，这可以激发学生的学习兴趣。学生如果选择作深入探讨，老师可以引导学生学习心肌的电活动。学生若提及冠状动脉循环，可表示不用多花时间在这个议题上，因为冠状动脉循环在此案例中角色并不够大，将来在别的心血管案例（如心肌梗死相关的）可以有更详细的讨论。

2. 避免过多涉及病毒性心肌炎临床方面知识点的讨论。

四、参考资料

1. 丁文龙，刘学政. 系统解剖学 [M]. 9 版. 北京：人民卫生出版社，2018.

2. 万学红，卢雪峰. 诊断学 [M]. 8 版. 北京：人民卫生出版社，2013.

3. 葛均波，徐永健. 内科学 [M]. 8 版. 北京：人民卫生出版社，2013.

4. Weiwei C, Runlin G, Lisheng L, et al. Outline of the report on cardiovascular diseases in China, 2014[J]. European Heart Journal Supplements Journal of the European Society of Cardiology, 2016, 18(Suppl F):F2.

PBL 案例教师版

致命的安全气囊

课程名称：人体结构模块

使用年级：一年级

撰 写 者：边军辉

审 查 者：PBL 工作组

汕头大学医学院
ShanTou University Medical College

一、案例设计缘由与目的

（一）涵盖的课程概念

本次课程为人体结构模块中整合人体解剖学、影像学和生理学的 PBL 讨论案例。本阶段学生正对人体结构和生理功能形成初步认识，从器官系统功能分类的角度加以理解，但还没有机会对其意义和在临床实践中的影响进行分析和讨论。

通过该案例的讨论，希望学生能够在理解人体骨骼（包括骨、韧带、关节）解剖和相应功能特点的同时，学习人的生活和社会行为所能造成的创伤风险，分析创伤患者对现代家庭和社会的多方面的影响，以及设计系统性干预措施降低创伤风险的必要性。

（二）涵盖的学科内容

解剖组织层面　人体骨骼系统的整体架构是什么？中轴骨骼和四肢骨骼的分类、组成和相应功能的主要区别是什么？骨髓的保护结构有哪些？人体骨关节的分类、组成和相应运动功能的区别是什么？肌肉、韧带和关节囊如何协调保持骨关节在运动中的稳定性？

生理层面　颈部关节所允许的运动有哪些？寰椎枕骨关节所允许的运动有哪些？保护寰椎枕骨关节稳定性的韧带和肌肉有哪些？

行为层面　案例中女童伤亡的风险如何与父母的疏忽有关？

社会层面　降低儿童在交通事故中伤亡率的有效干预措施有哪些？

（三）案例摘要

此案例描述 2 岁女童被疏忽的父亲安排坐在汽车前排副驾驶座位上，没有安全座椅和安全带，死于交通事故的悲剧。

（四）案例关键词

中轴骨骼（axial skeleton）

颈椎（cervical vertebra）

寰椎（atlas）

枕骨（occipital bone）

寰枕关节（atlantooccipital joint）

韧带（ligament）

关节囊（articular capsule）

关节脱位（dislocation of joint）

安全气囊（air bag）

婴儿安全座椅（infant safety seat）

二、整体案例教学目标

（一）学生应具备的背景知识

学生应学习了人体结构模块关于骨关节分类、运动功能、稳定性维持机制等内容。

（二）学习议题或目标

1. 群体 – 社区 – 制度（population，P）

（1）创伤患者对现代家庭和社会的多方面影响是什么？

（2）设计系统性干预措施降低创伤风险的必要性如何？

2. 行为 – 习惯 – 伦理（behavior，B）

案例中女童的死亡有多少是父母疏忽行为的结果？有多少是汽车厂家的责任？

3. 生命 – 自然 – 科学（life science，L）

（1）描述颈部骨髓的保护结构，列举人体骨关节的分类、组成和相应运动功能的区别点。

（2）描述肌肉、韧带和关节囊如何一起协调保持骨关节在运动中的稳定性。

（3）分析参与维持寰椎枕骨关节稳定的韧带在车祸发生时如何起作用。

（4）分析为何安全气囊在车祸时可以有效保护成人，但不能保护儿童。

三、整体案例的教师指引

1. 自 1998 年以来，所有汽车都在驾驶和副驾驶座位前安装了安全气囊。这些安全气囊在汽车相撞的一刹那，可以在 1/25 秒内以 322 km/h 的速度打开，为司机和乘车人提供保护。让学生学习安全气囊的有效性，分析这些气囊为何不能有效地保护儿童。

2. 让学生列举对骨髓起保护作用的中轴骨骼成分，特别是对寰椎枕骨关节起稳定和保护作用的韧带和肌肉，学习这些韧带和肌肉随年龄成熟的阶段。

3. 让学生分析儿童乘车时应如何安排才安全。（12 岁以下儿童必须扣好安全带，坐后排座位。婴儿必须乘坐安全座椅，面朝汽车行驶方向的对面。）

全一幕

李先生今年 28 岁。3 年前，他与女友在恋爱 5 年后结婚。2 年前，妻子生下一个女孩。一家三口，夫妻相敬恩爱，女儿健康美丽。李先生经常带幼女去附近公园玩，完全沉浸在幸福家庭生活之中。这一天，他开车独自带女儿从公园回家，令他极为后悔的是，他将女儿安置在了汽车前排座位上，没有婴儿安全座椅。在回家的路上，悲剧发生了。他驾驶的车辆与迎面一辆汽车以每小时 20 千米的速度相撞，汽车前排的两个安全气囊随即打开，两个司机都没有受伤，两辆汽车损伤也不大，但女儿已经没有了呼吸。

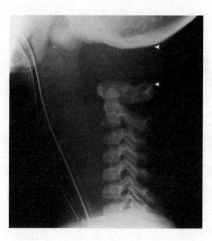

急救医生赶到现场，马上为女童气管插管，做心肺复苏无效，当场宣布孩子死亡。女童只在头颈部有些瘀青痕迹，没有发现明显的致命外伤。随后的 X 线检查证实女童死于"寰椎枕部脱位"（右图）。

李先生和妻子悲痛欲绝，对没有给孩子买一个特制婴儿安全座椅深感后悔，还图方便将孩子安排在汽车前排就坐。但他们无论如何也没有想到，法医给直接死因下的结论是：因车祸，汽车安全气囊打开击中幼儿头颈部，导致枕骨和寰椎关节脱位，幼儿死亡。李先生泪水满面，声音颤抖地哭诉道："这哪里是安全气囊？简直就是要命气囊啊！"

关键词

中轴骨骼

颈椎

寰椎

枕骨

寰枕关节

韧带

关节囊

关节脱位

安全气囊

婴儿安全座椅

重点议题 / 提示问题

1. 幼儿的寰椎枕骨关节为何容易脱位？

2. 汽车相撞的速度并不很大，为何女童伤得如此严重？

3. 父亲确有疏忽，但汽车厂家是否有责任？

教师引导

本案例呈现了汽车安全气囊装置普及之后，导致对儿童意想不到的伤害，展现了进一步宣传交通安全的重要性。

四、参考文献

1. Barry S, Ginpil S, O'Neill TJ. The effectiveness of air bags. Accident Analysis & Prevention, 1999, 31:781-787.

2. Zador Pl, Ciccone MA. Automobile driver fatalities in frontal impacts: airbags compared with manual belts. American Journal of Public Health, 1993, 83:661-666.

3. Peterson TD, Jolly BT, Runge JW, et al. Motor Vehicle Safety: Current concepts and challenges for emergency physicians. Annals of Emergency Medicine, 1999, 34:384-393.

4. Cunningham K, Brown TD, Gradwell E, et al. Airbag associated fatal head injury: case report and review of the literature. Journal of Accident & Emergency Medicine, 2000, 17:139-142.

基础学习模块

案例

基础学习模块介绍

【课程模块的概念】

基础学习是一门为临床医学专业学生开设的关于人体细胞、分子层面结构和功能的知识的课程。

【课程模块的目的】

课程目的在于为学生进一步学习临床医学专业知识奠定扎实的基础，同时培养学生具备应用、扩展医学基础知识的能力，以及自主学习能力。

【课程计划】

课程包括细胞生物学与遗传学、生理学、生物化学与分子生物学和药理学等内容，共 153 学时。其中模块总论 2 学时，生物化学与分子生物学 90 学时，细胞生物学与遗传学 45 学时，生理学 8 学时，药理学 8 学时。教学内容安排在第三学期完成。

【学习情境】

通过理论讲授、讨论、实验等方式进行学习。

PBL 案例教师版

莫名的腿痛

课程名称：基础学习模块

使用年级：二年级

撰 写 者：黄展勤　林常敏

　　　　　陈式仪

审 查 者：PBL 工作组

汕头大学医学院
ShanTou University Medical College

一、案例设计缘由与目的

（一）涵盖的课程概念

本次课程为基础学习模块 PBL 讨论案例，主要内容为营养物质代谢中的脂质代谢。本阶段学生已经学习了三大营养物质代谢。通过该案例的学习，希望学生在讨论结束之后能牢记胆固醇的代谢流程图，甚至是三大营养物质的代谢流程图，重点为胆固醇代谢中的一些关键酶。本案例中高脂血症的主人公在服用辛伐他汀之后出现肌肉酸痛且肝、心脏、肌肉相关酶类升高的现象。其一，调血脂药物的作用涉及脂质代谢的各个环节，所以在了解治疗原理之前必须明白脂质代谢的途径及其中的关键酶。其二，案例涉及用药。虽然药理的内容不是本节学习的重点，但是可培养学生用药必有因的思想，使其以后在临床用药时懂得思考为什么。其三，患者在常规用药过程中产生了不良反应，可提醒学生注意临床使用药物时的风险告知。其四，肥胖是我国当前突出的健康问题，与糖尿病、高血压等慢性病息息相关。所以肥胖人群的管理也是本次讨论涉及的议题。

（二）涵盖的学科内容

生化层面　脂质代谢途径和其中的关键酶是什么？血浆脂蛋白的来源、去路，乳酸和营养物质的代谢有什么关系？

药理层面　他汀类药物的降脂原理是什么？有什么不良反应？

临床层面　肌肉疼痛的诊疗思路是什么？

人文层面　临床使用药物时该如何告知风险？

行为层面　肥胖者该如何进行自我管理？

社会层面　该如何减少人群中的肥胖群体？

（三）案例摘要

1 个半月前，肥胖且患有高血脂的退休工人莫先生，服用辛伐他汀后出现了酶类升高现象和肌肉疼痛的症状。虽然检查结果显示辛伐他汀治疗后血脂浓度明显下降，但是接诊医师还是要求莫先生停用辛伐他汀。

（四）案例关键词

肥胖（obesity）

肌肉疼痛（muscle pain）

肌酸磷酸激酶（creatine phosphokinase，CPK）

乳酸（lactic acid）

胆固醇（cholesterol）

谷草转氨酶（aspartate aminotransferase，AST）

谷丙转氨酶（alanine aminotransferase，ALT）

辛伐他汀（simvastatin）

二、整体案例教学目标

（一）学生应具备的背景知识

学生应该学习完三大营养物质的代谢，掌握脂质代谢流程图和相关酶类，尤其要求掌握其中的关键酶。

（二）学习议题或目标

1. 群体 – 社区 – 制度（population，P）

关注肥胖人群的健康管理。

2. 行为 – 习惯 – 伦理（behavior，B）

考虑临床使用药物时的风险告知。

3. 生命 – 自然 – 科学（life science，L）

（1）阐述胆固醇的合成过程和调节机制。

（2）描述血浆脂蛋白代谢过程并结合血浆脂蛋白的代谢过程，说明血浆脂蛋白检测的临床意义。

（3）描述他汀类药物的作用机制及不良反应。

（4）描述人体内乳酸产生的主要途径并列举乳酸主要的代谢去向。

（5）列举家族性高胆固醇血症与载脂蛋白的关系。

（6）列举肝功能的检查项目及其意义。

三、整体案例的教师指引

1. 本案例讨论时，学生可能比较难以切入胆固醇代谢，可以适时进行提示。虽然案例中可能没有提示关键酶的学习，但其却是本案例学习中的重点。此外，可引导学生思考用药和代谢图的关系。

2. 药理学的学习不是本次的重点，基本了解即可。此案例的药物主要是为了提示学生以后在临床上要注意用药的具体原因，不可含糊了事，且需要注意告知患者及家属药物的使用风险。

3. 随着我国经济的发展，肥胖是当今突出的社会问题，慢性病的防治和管理已成为一个重要的议题。教师需要引导学生在这个社会问题上进行思考。

第一幕

莫先生，65 岁，身高 1.71 米，体重 82 千克，是名退休工人。近半年来在老伴的鼓励和陪伴下，坚持每天爬山锻炼。2 周前，莫先生开始出现小腿肌肉疼痛，开始以为是爬山过度所致，可是暂停爬山几天也不见缓解，并且逐渐加重，遂到附近的全科医院就诊。医生通过询问病史，了解到莫先生平素体健，几无病恙。

1 个半月前体检，莫先生查出有高血脂。当时医生除了建议莫先生要进行饮食控制和体育锻炼之外，还要进行药物治疗。查体发现腓肠肌局部有轻压痛，余无异常。医生开具了类风湿因子、肌酸谱（肌酸磷酸激酶、乳酸脱氢酶、肌酸激酶同工酶、α-羟丁酸脱氢酶和谷草转氨酶）、乳酸、血脂和肝功能的检查。

关键词

肥胖

肌肉疼痛

肌酶谱

乳酸

重点议题 / 提示问题

1. 什么是肥胖? 有哪些危害?

2. 如何诊断高脂血症? 可分为哪些类型?

3. 乳酸是如何代谢的?

4. 肌肉疼痛可能的原因是什么?

5. 肌酶谱检测的临床意义是什么?

6. 如何对肥胖人群进行健康管理?

7. 肥胖与体重指数有什么关系?

8. 血脂的主要成分有哪些?

9. 医生为什么要检查患者的类风湿因子、肌酶谱、乳酸、血脂和肝功能?

教师引导

1. 本案例并无心脏的表现,可以适当引导学生讨论肌酸磷酸激酶与心肌缺血的关系,比如心前区疼痛等,不要过多考虑心肌缺血或者心肌梗死的问题。

2. 引导学生进行乳酸代谢的讨论。

第二幕

实验室检查结果:类风湿因子、乳酸结果正常。肌酸磷酸激酶 3 847 U/L(正常参考值 109 ~ 245 U/L),肌酶谱中其余几项也增高。总胆固醇 7.41 mmol/L(正常参考值 3.10 ~ 5.71 mmol/L),三酰甘油 2.68 mmol/L(正常参考值 0.58 ~ 1.70 mmol/L),高密度脂蛋白 1.04 mmol/L(正常参考值 0.91 ~ 1.55 mmol/L),低密度脂蛋白 6.12 mmol/L(正常参考值 2.07 ~ 3.12 mmol/L)。谷草转氨酶

188 U/L（正常参考值 4 ~ 40 U/L），谷丙转氨酶 212 U/L（正常参考值 0 ~ 40 U/L）。莫先生一眼看到血脂的变化，很高兴地说："哇，医生给我吃的这个药真是有效啊，才 1 个月就降了这么多，我之前的总胆固醇都快 13 了！"

这时，医生问莫先生使用什么降血脂药物，莫先生回答是舒降之。医生让莫先生以后不要再用这个药了。莫先生很不解地说："为什么呢？我父亲和兄长也是胆固醇高，都在服用这个药啊。而且，开药的医生没有告诉我这些。"

关键词

胆固醇

谷草转氨酶

谷丙转氨酶

辛伐他汀（舒降之）

重点议题 / 提示问题

1. 胆固醇合成的关键酶有哪些？其调节机制是什么？

2. 血浆脂蛋白是如何代谢的？即各种血浆脂蛋白的组成、来源和去路是什么？

3. 他汀类降脂药的作用机制是什么？有什么不良反应？

4. 在临床使用药物时，医生如何向患者进行风险告知？

5. 各项实验室检查结果的意义是什么？特别是血浆脂蛋白的检查结果有什么临床意义？

6. 胆固醇合成的过程是什么？是如何调节的？

7. 医生为什么不再使用辛伐他汀进行治疗？

教师引导

1. 引导学生提出胆固醇的合成及其调节的学习议题。

2. 从各种血浆脂蛋白的检测结果出发，引导学生思考血浆脂蛋白的组成和代谢。

3. 引导学生适当关注患者以及其父亲、兄长都有高血脂的情况。

四、参考资料

1. 查锡良，药立波. 生物化学与分子生物学 [M]. 8 版. 北京：人民卫生出版社，2013.

2. 杨宝峰. 药理学 [M]. 8 版. 北京：人民卫生出版社，2013.

五、PBL 带教前会议记录

参加者：案例作者、带教教师

案例名称：莫名的腿痛

会议内容

（一）主要议题

1. 如何引到重点议题：第一幕，风湿检查的意义，其他实验室检查的意义，患者之前有高血脂，应该关注代谢的问题。

2. 第 2 次分享的深度：完成 70% 的学习议题就可以，生命 - 自然 - 科学层面中的（1）（2）必学。

3. 药物的内容不是此次学习的重点。

（二）案例重点问题

1. 从胆固醇的成分引出脂质的合成、代谢。

2. 胆固醇合成、代谢一定要学习，即生命 - 自然 - 科学层面中的（1）（2）。

3. 重点的行为议题："开药的医生没有告诉我这些"，引导学生思考临床药物使用的风险告知。

六、PBL 带教后会议记录

参加者：案例作者、带教教师

案例名称：莫名的腿痛

会议内容

（一）讨论流程

1. 经过第一次课讨论磨合后，今日讨论过程较顺利，效率高。

2. 每名组员均有发言。

（二）对案例的反馈

1. 从案例出发，很难引导学生提出相关议题，例如胆固醇合成的关键酶及其调节机制等（案例中没有体现关键酶）。

2. 从该案例较难引导学生进行乳酸代谢的学习讨论。

（三）存在的主要问题及建议

1. 组员提出自己的问题及观点，但较少对彼此的观点作出相应的讨论、辩证。

2. 对肌肉疼痛的原因学习分析得较少。

七、PBL 课后学生形成的学习目标

A 组

1. 高血脂发生机制及其对机体的影响。

2. 乳酸的代谢过程。

3. 辛伐他汀的药动学、作用机制、药理作用、临床应用、不良反应。

4. 脂代谢过程，重点掌握血脂蛋白与胆固醇的代谢途径。

5. 运动对脂代谢的影响。

6. 检查类风湿因子及肌酸磷酸激酶的意义。

7. 谷草转氨酶、谷丙转氨酶的作用及临床意义。

8. 开医嘱时，医生应告知患者哪些内容？

B 组

1. 血脂蛋白代谢途径及其各项指标的临床意义。

2. 胆固醇代谢途径。

3.高血脂的发病机制、常见病因、临床症状和治疗方法。

4.辛伐他汀的药理机制、适应证、不良反应。

5.肌肉酸痛的常见原因及机制。

6.案例中各项检查项目（类风湿因子、肌酸磷酸激酶、乳酸、血脂、肝功能）的临床意义。

八、PBL 课后学生对案例的反馈

学习之后，我们都认为该案例整体质量较好。首先，案例围绕"高血脂"展开叙述，将莫先生的个人经历与我们所学的脂代谢相关知识相结合，贴近生活，易于激发学生的学习兴趣，便于学生深入理解记忆生物化学和分子生物学课程相关的基础知识。其次，案例中叙述的病程清晰完整，包括莫先生的背景资料、临床症状、实验室检查、治疗以及预后情况，逻辑十分严密，相关信息浅显易懂。故在学习和讨论的过程中，学生们可以按照病程的进展进行头脑风暴，并绘制思维导图。这不仅有利于低年级学生对相关专业知识的理解记忆，而且能够培养学生们的临床思维能力。此外，案例中在给出肌酸磷酸激酶、总胆固醇、三酰甘油、高密度脂蛋白、低密度脂蛋白、谷草转氨酶、谷丙转氨酶等实验室检查结果的同时，也给出了该检查数值的正常范围，使学生在没有相关背景知识的时候不至于对于实验室检查结果束手无策，使讨论依然可以顺畅进行。最后，案例结尾处给出了参考文献、书籍，这给学生课后学习指明方向，减轻学生在查找资料中的负担。

但是，本案例还是有改进的空间。首先，因为缺少相关的药理学知识，所以案例中涉及的辛伐他汀及其不良反应对我们来说还是有一定难度的。在讨论课上，我们很难解释第一幕中的腓肠肌局部压痛。其次，案例中涉及的人文知识太少，讨论时学生很难提出有价值的问题，这也加大了学生课后查找相关资料的难度。我们建议案例中可以增加一些与人文相关的线索。最后，在讨论药物不良反应的时候，建议导师对该类目标多加引导。

PBL 案例教师版

不食人间烟火的小军

课程名称：基础学习模块

使用年级：二年级

撰 写 者：刘　静　林常敏

李冠武

审 查 者：PBL 工作组

汕头大学医学院
ShanTou University Medical College

一、案例设计缘由与目的

（一）涵盖的课程概念

"不食人间烟火的小军"以存在遗传性疾病苯丙酮尿症的小军为背景。由于要限制苯丙氨酸的摄入，小军的爸妈从不允许他吃外面的食物，也不允许他参加同学聚会。通过"小军对此很烦恼""渴望过正常孩子的生活"的情景，引导学生对该案例病因问题（遗传问题、苯丙氨酸的代谢途径、近亲结婚的伦理和法律问题、基因缺陷导致的酶的问题）的讨论。此外，该案例还涉及特殊疾病人群（儿童）的社会救助和心理辅导等（社会群体问题）。

该案例主要涉及苯丙酮尿症的发病人群及其生化机制，为学习该病的诊断奠定基础。同时苯丙酮尿症与双手细震颤、手足不自主扭转、语言障碍等临床表现的关系，与其他模块或 PBL 案例也可以相辅相成。本案例涉及的单基因隐性遗传病的特点及遗传频率的估算，为今后学习遗传病提供基础。

（二）涵盖的学科内容

生理层面　为什么苯丙酮尿症患者出现双手细震颤、手足不自主扭转和语言障碍？氨基酸代谢异常对机体发育的影响有哪些？

生化层面　苯丙氨酸的代谢途径、相关的重要酶有什么？该酶出现突变，会导致什么后果？氨基酸的代谢是怎样的？氨基酸代谢异常可能出现哪些疾病？苯丙氨酸和酪氨酸的代谢有何联系及特点？

行为层面　对于特殊人群、敏感性疾病应了解哪些问诊技巧？

社区层面　社会是否有责任对特殊疾病群体实施救助？包括特殊疾病人群（儿童）的社会救助和心理辅导应如何开展？了解近亲结婚的危害，以及如何进行健康宣教。

（三）案例摘要

10 岁的小军，因患苯丙酮尿症，需要限制饮食。9 年前，小军头发和皮肤都白得很不自然，眼神呆滞，好像对周围事物都不感兴趣，时而又扭来扭去，好像不肯给父母抱，身上发出一种浓重的特殊体味。双手细震颤，手足不自主扭转，头发淡黄色，有明显语言障碍。医生考虑可能为遗传性疾病，抽血检查氨基酸，结果显示：苯丙氨酸 1500 μmol/L，苯丙氨酸 / 酪氨酸比值为 57。后再经过 DNA 检测，发现患儿 PAH 基因有

R413P/R413P 突变，而父母双方均为 *PAH* 基因 R413P 突变的携带者，检查发现尿中苯丙酮酸增高，小军遂被诊断患有苯丙酮尿症。同时，李医生了解到，患儿的曾祖母和曾外祖父是姐弟。医生建议患儿马上断奶，并嘱夫妻改用低苯丙氨酸的奶粉，又请营养师为他们普及低苯丙氨酸饮食的方法，如避免吃五谷杂粮、肉、蛋等。同时嘱患儿一定要定期检测体内苯丙氨酸含量。

（四）案例关键词

苯丙酮尿症（phenylketonuria，PKU）

苯丙氨酸（phenylalanine）

语言障碍（language barrier）

体味（body odor）

沟通（communication）

二、整体案例教学目标

（一）学生应具备的背景知识

此 PBL 案例计划在本科二年级第一学期中期实施。在此之前，学生们已完成基础学习模块部分内容，包括：① DNA、RNA 与蛋白质等生物大分子的结构与功能；② 酶的结构和功能；③ 糖代谢、脂质代谢和氨基酸代谢等方面的背景知识。

（二）学习议题或目标

1. 群体 - 社区 - 制度（population，P）

（1）在我国和广东地区，该病的发病率分别是多少？

（2）如何在早期大规模进行遗传性疾病的筛查？

（3）如何进行近亲结婚危害的健康宣教？

（4）如何开展相关人群的基因筛查，预防该病的发生？

2. 行为 - 习惯 - 伦理（behavior，B）

（1）了解近亲结婚的法律、伦理和道德方面的信息。

（2）如何给予特殊疾病人群社会救助和心理辅导？

（3）如何做到尊重患者的感受，建立良好的医患关系？

3. 生命 - 自然 - 科学（life science，L）

（1）列举苯丙酮尿症的临床症状和诊断方法。

（2）描述系谱图的表示方法。

（3）区分基因型和表型、纯合子和杂合子、显性基因和隐性基因。

（4）列举常染色体隐性遗传的特点；估计再发风险（包括发病风险评估和随访）。

（5）讨论苯丙酮尿症发生的机制。

三、整体案例的教师指引

1. 本案例以小军存在心理困惑和烦恼为情景出发点，逐步引导学生讨论小军限制饮食的原因（因为小军患有一种遗传性疾病）。并进一步思考这个病的病因、发病机制以及预防措施。在本案例的第一幕，最后直接给出了诊断。因此，不必要引导学生过多思考诊断的内容。因为使用此案例的学生尚未进入临床课程的学习，对临床诊断知识了解较少。

2. 由于存在遗传性疾病苯丙酮尿症，引导学生对该案例病因问题（遗传问题、近亲结婚的伦理和法律问题、基因缺陷导致的酶的问题）的关注。此外，该案例还涉及特殊疾病人群（儿童）的社会救助和心理辅导等（社会群体问题），可以鼓励学生对近亲结婚等伦理道德和法律问题展开讨论，并探讨近亲结婚导致遗传病的分子基础，以及初步了解单基因遗传病的遗传特点。

3. 本案例涉及氨基酸代谢与疾病的关系，建议引导学生讨论苯丙氨酸的代谢途径和参与代谢的酶。

第一幕

　　小军 10 岁了，除了看起来稍微矮小一点，学习成绩稍微差点，其他与同龄人没什么不同。但爸妈从不许他吃外面的食物，也不许他参加同学聚会。小军对此很烦恼，他渴望过正常孩子的生活。

　　9 年前，儿科诊室一对焦虑的夫妇不停地叹气，看样子他们也才 20 多岁，两人的头发都乌黑浓密，可怀中的孩子头发和皮肤却都白得很不自然。他们对年轻的李医生说："孩子1岁多了，还不会说话。"李医生看到患儿眼神呆滞，好像对周围事物都不感兴趣，时而又扭来扭去，好像不肯给父母抱，发出一种浓重的特殊体味，几个想法在脑海中飘过。李医生就边给小孩子检查，边询问病史，了解到患儿李小军，男，现15个月大，在李家村卫生所出生，顺产，出生时并未抽足跟血筛查。患儿出生时哭声很响亮，体重3千克。患儿双手细震颤，手足不自主扭转，头发淡黄色，有明显语言障碍，只会"咦咦啊啊"，而不会发出类似"爸爸妈妈"的声音。

李医生考虑可能为遗传性疾病，但问诊过程中家属表现得很不配合，直接否认家中有类似的患者、遗传性疾病史。鉴于家属对该类疾病存在抗拒性心理，医生先让患儿抽血检查氨基酸。检查结果显示：苯丙氨酸 1500 μmol/L，苯丙氨酸/酪氨酸比值为 57。

关键词

语言障碍

体味

沟通

苯丙氨酸

重点议题 / 提示问题

1. 氨基酸的代谢以及其代谢异常可能出现的疾病有哪些？苯丙氨酸和酪氨酸的代谢途径是什么？

2. 引起氨基酸代谢异常有哪些关键因素？氨基酸代谢异常对机体发育有什么影响？

3. 哪个部位受累可能导致双手细震颤、手足不自主扭转、语言障碍？医生对这些症状应该做哪些考虑？

4. 早期、大规模进行遗传性疾病筛查的方法有哪些？

5. 遗传学疾病、性传播疾病等的易感人群有哪些？敏感性疾病的问诊技巧有哪些？

教师引导

这里未涉及较多的临床诊断和治疗的议题，但涉及一些临床表现，如双手细震颤、手足不自主扭转、头发淡黄色、有明显语言障碍、只会"咦咦啊啊"。可引导学生讨论这些表现的生化机制，不建议将这些临床表现作为诊断指标列为学习目标。重点是了解苯丙氨酸代谢的途径和异常所导致的问题。

第二幕

基于检查结果，李医生耐心地给家属解释结果的意义，以及可能存在的严重后果，并进一步仔细问诊，得知小军的曾祖母与曾外祖父是姐弟，建议父母、小军一起抽血做DNA检查。DNA测序结果显示，患儿PAH基因有R413P/R413P突变，而父母双方均为PAH基因R413P突变的携带者，检查发现尿中苯丙酮酸增高。遂诊断小军为苯丙酮尿症。

李医生建议小军马上断奶，并嘱夫妻改喂低苯丙氨酸的奶粉，又请营养师为他们普及低苯丙氨酸饮食的原则，如避免吃五谷杂粮、肉、蛋等。同时嘱父母一定要给小军定期检测体内苯丙氨酸含量。

由于孩子的这种情况，夫妻俩打算再要个孩子，就找医生咨询。医生对他们说，如果再要个孩子，无论男女，1/4可能性还是这样，让他们慎重考虑。

关键词

苯丙酮尿症

基因突变（gene mutation）

DNA测序（DNA sequencing）

近亲结婚（consanguineous marriage）

重点议题 / 提示问题

1. 什么是苯丙酮尿症？如何诊断？苯丙酮尿症与双手细震颤、手足不自主扭转、语言障碍有密切关系吗？

2. 苯丙酮尿症的发病机制是什么？如何根据机制推断该病的治疗要点？

3. 单基因隐性遗传病的特点是什么？系谱图绘制及单基因病遗传概率的计算方法有哪些？

4. 近亲结婚的定义是什么？近亲结婚有哪些危害？如何进行健康宣教？

5. 如何进行特殊疾病人群（儿童）的社会救助和心理辅导？

教师引导

该幕的重点在于苯丙酮尿症的发病机制、遗传及其预防。此外，可以引导学生讨论近亲结婚的后果及其遗传基础、后代患病率的计算等。至于基因测序的原理及突变位点与苯丙氨酸代谢的关系，不是本案例希望学生过多关注的内容。

四、参考资料

1. 左伋 . 医学遗传学 [M]. 6 版 . 北京：人民卫生出版社，2013.

2. 查锡良，药立波 . 生物化学与分子生物学 [M]. 8 版 . 北京：人民卫生出版社，2013.

五、PBL 带教前会议记录

参加者：案例作者、带教教师

案例名称：不食人间烟火的小军

会议内容

（一）主要议题

1. 该案例带教需要注意的事项。

2. 对案例稍作修改。

3. 各议题引导的重点。

（二）案例重点问题

1. 讨论授课流程　因为是 3 节课，时间比较宽裕。第一幕与第二幕分开发，每一幕大概用 60 分钟讨论，20 分钟由学生学习并绘制系谱图，并就遗传概率进行讨论（讨论完提供系谱图），20 分钟总结反馈。

2. 重点议题

第一幕：

氨基酸代谢特别是苯丙氨酸及酪氨酸的代谢。

对于遗传病患者的问诊及沟通问题。

第二幕：

苯丙酮尿症的诊断与发病机制、治疗要点。

系谱图的绘制及单基因遗传病的遗传概率计算。

近亲结婚的危害及宣教。

3. 案例中的问题

（1）第二幕原文中"曾祖父母是兄妹"不符合常理，按照系谱图提供的资料应为"曾祖母与曾外祖父是姐弟"。

（2）患儿 15 个月才就医并接受治疗，第一幕提到小军外表与同龄人没太多不同，应该有生长发育及智力迟缓等问题，建议第一句改为体型较同龄人矮小，且成绩较差类似的表达。

（3）案例中对于医患沟通的描述稍微简单，建议增加原先案例中医患沟通的一些细节，更容易引导学生考虑面对该类患者时的问诊问题。

六、PBL 带教后会议记录

参加者：案例作者、带教教师

案例名称：不食人间烟火的小军

会议内容：案例使用反馈

1. 关于讨论

A 组

A 组同学经过上学期的课程后，对 PBL 流程已经很熟悉，相互之间的讨论也很流畅。同时他们提到课前知道会有一个 PKU 的案例，因此本次讨论过程很顺利，相应的学习目标也能达到。

A 组的同学表现比较平均，除了一位同学表达上稍微欠缺，自信不足，发言稍少（但此次讨论他的有效发言最多），其他人都讨论得比较热烈，较上学期条理性好很多，虽然案例有两次倒叙，存在三个时空的描述，但学生经过讨论能分析清楚，将事实按时间顺序列出，在讨论假设时按系统划分，讨论目标时采用 SOP 的方式，都能比较流畅地得出相应的信息，而且不致遗漏。各个组员表现均很好。

不过也存在一些问题，本次充当领导者的组员没有能够把握好讨论节奏，组员在一些细节问题，比如并发症的概念、歧视、二胎的伦理问题等上讨论花费的时间较多。有的同学板书不够精炼，整理起来稍欠条理。

本节课讨论案例内容相对明确，建议用两节课时间讨论。

B 组

同学们能积极参加讨论，紧扣主题内容，比较完整地建立学习目标，并根据案例画出系谱图。课堂记录比较有条理。虽然学生已经完成相关理论课程的学习，但讨论中未能熟练联系相关理论内容，专业词汇的学习也需进一步加强。带教教师已建议学生复习掌握相关知识。

2. 关于案例一些小问题的修订建议

第一幕

（1）案例提到皮肤黄，学生会怀疑黄疸，但是 PKU 一般不会导致皮肤变黄，是否应改为皮肤较白？

（2）第二段"焦虑的叹气"应改为"焦虑地叹气"。

（3）因为有倒叙、插叙的内容，把插叙部分"在李家村卫生所接生……体重 3 千克"

这部分内容放在第二段末尾，可能时间上会更明确一些。

第二幕

（4）第一段："而父母均为……检查发现小军尿中苯丙酮酸增高。"

七、PBL 课后学生形成的学习目标

A 组

1. 学习 *PAH* 基因 R413P 突变的过程及其意义。

2. 学习苯丙氨酸的生成与代谢。

3. 结合案例，学习苯丙酮尿症的病因、发病机制、症状与治疗。

4. 了解近亲结婚对遗传病发病率的影响。

5. 了解婚前、孕前、产前及产后的重要遗传病筛查。

B 组

1. 学习苯丙氨酸的代谢过程及代谢异常对人体的影响。

2. 学习苯丙酮尿症的病因、症状和治疗。

3. 了解足跟血检查的步骤和意义。

4. 了解婚前检查的项目。

八、PBL 课后学生对案例的反馈

当我们第一次接触本案例的时候，映入眼帘的是标题。"不食人间烟火"这一形容词触发了我们的兴趣，引发我们强烈的思考，指导着我们去探索。"究竟是什么样的疾病，使得小军不食人间烟火了呢？"带着这个疑问进入了本次 PBL 学习。

第一幕，案例一笔带过小军的目前状况后，直接切入主题，追溯到 9 年前小军发病的时候。本案例在描述小军发病情况时，突出重点，条理十分清晰，在讨论的思路上给予了我们很大的帮助。它没有华丽夸张的辞藻，但它朴实的言语却深深地触动了我们的心灵，更加激发起我们探索的热情。最后给出苯丙氨酸的有关检查数值，明确了一个讨论的方向，避免了跑偏主题。

第二幕，案例的重点放在了病因及日常饮食上。*PAH* 基因 R413P 突变提示我们在该案例的学习中需要深入到基因层面。而在饮食上与标题相呼应，回答我们的疑惑，同

时这种特殊的饮食原则再次引发我们的思考。

综合我们 PBL 第一次课的情形，该案例很好地贴合我们的学习进度，但是由于我们当时并没有很好地掌握氨基酸代谢的整个过程，导致过程中出现了有清晰的思路却讨论不流畅的问题。

就我们提出的 aims 来看，learning issue 与 population、behavior 的比例比较协调，可能由于我们的基础不够扎实，提出的问题不够有针对性，导致学习目标会有点少。该案例在人文方面有一个比较大的突破，近亲、产检、筛查等对于学生来讲是一个新颖的存在，不再讨论之前讨论过的东西，给予我们一种焕然一新的感觉，使得在讨论该案例时，同学们更加投入。通过本案例的学习，我们更加关注疾病的预后以及对患者日后生活质量的影响，这使得我们的眼光看得更远，不止停留在发病上。

在分享课上，由于这次学习的内容主线十分清晰，在白板上能形成一个较为完整的思维导图，通过该案例也可以培养我们的板书能力。

总体而言，该案例内容充实，条理十分清晰，好评较多。但建议同学们在掌握一定相关知识前提下，才开始学习该案例，这样才能更好地体现该案例的真正价值。

PBL 案例教师版

出租房里凋零的"花朵"

课程名称：基础学习模块

使用年级：二年级

撰 写 者：黄展勤

审 查 者：PBL 工作组

汕头大学医学院
ShanTou University Medical College

一、案例设计缘由与目的

（一）涵盖的课程概念

本次课程为基础学习模块中的 PBL 案例讨论，主要涉及的内容概念为"药效学与药动学"。通过对本案例的讨论，学生能够树立药物治疗"有效"与"安全"原则的观念，学习药效学中药物的作用以及不良反应；学习药动学中药物的体内过程（吸收、分布、代谢与排泄）以及药物相互作用，明确影响血药浓度、药物作用以及不良反应的因素，掌握合理用药的原则。本案例以一个患有过敏性鼻炎的高三学生猝死在出租房为情景，使学生通过案例，在"社区群体"方面关注环境污染以及弱势群体的卫生保健和医疗服务；关注高考给学生带来巨大的心理压力的问题；在"行为伦理"方面思考私人诊所药物滥用以及整个社会存在的不合理用药问题；在"生命科学"方面认识药物代谢的过程，需要依赖什么酶，肝药酶的概念及其诱导剂和抑制剂、在药物代谢中的意义、在药物相互作用中的作用，从而对药物的不良反应、药物相互作用以及合理用药有深入的理解和认识。

（二）涵盖的学科内容

免疫层面　　环境因素与过敏性鼻炎之间有什么联系？

病理生理层面　　猝死的常见原因有哪些？

药理层面　　肝药酶的定义及其与药物代谢之间的关系是什么？肝药酶的诱导剂和抑制剂在药物相互作用中分别有什么作用？

行为层面　　如何看待私人诊所药物滥用以及存在于整个社会中的不合理用药问题？

社会层面　　关注环境污染以及弱势群体的卫生保健和医疗服务；关注高考给学生带来的巨大心理压力。

（三）案例摘要

一个单身母亲发现女儿范萍萍死于出租房里。小范，高三女孩，平素不太运动，爱好学习，成绩优良。经常打喷嚏、流鼻涕、鼻痒、鼻塞，并有头痛、头晕、胸闷、精神萎靡、失眠等症状。经常于私人诊所就医后服用抗生素、抗过敏药物，症状有所好转，但经常反复。法医在现场并未发现可疑情况，在初步排除他杀后，建议进行尸检。尸体解剖的结果显示，死者系心搏骤停导致重要器官（如脑）严重缺血、缺氧致死；死者鼻黏膜上皮增殖性改变，黏膜肥厚及息肉样变，提示患有过敏性鼻炎，余无异常。小范母亲后续告知法医，小范死前几天过敏性鼻炎加重，并且身上出现过红色的皮疹，伴有严重的瘙痒，服用特非那定后明显好转。由于近期酷暑高温，小范一直在喝葡萄柚汁。

（四）案例关键词

药物代谢（drug metabolism）

肝药酶（hepatic microsomal enzyme）

药物相互作用（drug interaction）

特非那定（terfenadine）

猝死（sudden death）

二、整体案例教学目标

（一）学生应具备的背景知识

本案例对象为二年级第二学期学生。学生同时进行基础学习模块"药理学总论：药动学和药效学"、感染与免疫模块的"免疫应答与超敏反应"和"抗组胺药物和免疫调节药"等内容的学习，掌握了药物的代谢、过敏反应的免疫学基础和药物不良反应等相关基本知识。

（二）学习议题或目标

1. 群体 – 社区 – 制度（population，P）

（1）关注环境污染问题。

（2）关注农民工的生存状况以及弱势群体的卫生保健和医疗服务。

（3）高考给学生心理造成了哪些影响？

2. 行为 – 习惯 – 伦理（behavior，B）

（1）医护人员如何合理用药？

（2）美容、生活保健与食品之间有什么联系？评价铺天盖地的药物、保健品和食物广告对人民健康的影响。

3.生命－自然－科学（life science，L）

（1）药物代谢需要依赖什么酶？什么是肝药酶？它在药物代谢中的意义是什么？

（2）什么是肝药酶的诱导剂和抑制剂？在药物相互作用中的作用是什么？

（3）描述败血症的临床表现、诊断及防治原则。

（4）常见的肝药酶诱导剂和抑制剂有哪些？

（5）特非那定为什么会引起猝死？

（6）葡萄柚汁为什么会引起特非那定血药浓度增高？葡萄柚汁还可以影响哪些药物的代谢？

三、整体案例的教师指引

1.本案例涉及的药物比较多，比如红霉素、特非那定、艾司唑仑等。因为学生还没学到相关的知识模块，因此容易关注并学习以上药物的具体的药理效应、作用机制、临床应用。教师应引导学生不要过多关注具体药物，而是要考虑这些药物都是在常规治疗剂量下使用的，为什么还会引起患者中毒，甚至死亡。

2.让学生置身于案情之中，假设他们是法医，会考虑如何破案，找到蛛丝马迹和证据，确认范萍萍的死因。

3.鼓励学生对私人诊所医生不合理的用药行为进行讨论，引发对职业素养的思考。

第一幕

2009年7月24日中午12时37分，浙江奉化正遭遇着史上罕见的41.7 ℃的高温酷暑，地处奉化溪口镇的奉化造纸厂的烟囱依然往外冒着浓烟。然而旁边的出租房里却传出了凄厉的哭喊声："救命啊！我的孩子啊，你怎么了？……"母亲的哭泣声打破了高温的窒息。接到报警后，救护车和公安局刑警很快赶到了这片拥挤嘈杂的民工集居地的一间出租房里。在这间不到20平方米的房间里，书桌下静静地躺着一个女孩。医生确认女孩已经死亡。刑警通过检查，发现女孩衣衫完整，身上没有外物器械伤痕。书桌上书本摆放整齐，有一份还没有完成的数学高考模拟题,桌面上有半瓶没有喝完的果汁。家属对孩子的死不能接受,要求医疗鉴定给个说法,找出到底谁害死了女孩。

　　法医赶到现场。经询问,女孩叫范萍萍,今年17岁,9月份将上高三。半年前因为母亲到奉化造纸厂打工,因此从农村搬到城镇,和母亲居住在造纸厂旁边的出租房里。她爱好学习,不太运动,成绩优良。范萍萍平素体健,但自从来到现居地,经常打喷嚏、流鼻涕、鼻痒、鼻塞,并有头痛、头晕、胸闷、精神萎靡、失眠等症状。自以为是学习压力大,得了感冒,到私人诊所就诊后,服用抗生素、抗过敏药物后,症状好转,但有反复。法医也从抽屉里发现红霉素、特非那定、艾司唑仑等药物。法医在初步排除他杀后,建议进行尸检,明确死亡原因。

关键词

猝死

过敏性鼻炎(allergic rhinitis)

药物不良反应

重点议题 / 提示问题

1. 何为猝死?猝死的常见原因有哪些?

2. 过敏性鼻炎的常见发病原因有哪些?环境因素与过敏性鼻炎有何关系?过敏性鼻炎有哪些症状?如何诊断过敏性鼻炎?怎样治疗过敏性鼻炎?

3. 特非那定是何种药物?有什么不良反应?目前的应用情况如何?

4. 红霉素和艾司唑仑又是何种药物?有什么不良反应?小范可能是由于服用艾司唑仑自杀的吗?

5. 关注环境污染问题。

6. 关注农民工的生存状况以及弱势群体的卫生保健和医疗服务。

7. 高考给学生心理造成了什么影响?

教师引导

1. 引导学生关注环境污染以及环境因素与过敏性鼻炎的关系。

2. 不必深入讨论学习案例中涉及的药物如红霉素、特非那定、艾司唑仑的详细作用机制。

第二幕

1 周后，尸体解剖的结果出来了。结果如下：

1. 病理解剖各脏器都未发现致命性损伤与疾病。

2. 死者鼻黏膜上皮增殖性改变、黏膜肥厚及息肉样变，提示患有过敏性鼻炎。

3. 血中特非那定的浓度为 35 ng/ml（显著升高），血中未检测到红霉素、艾司唑仑。

法医继续来问询情况，小范母亲告知，小范死前几天过敏性鼻炎加重，并且身上出现过红色的皮疹，伴有严重的瘙痒，连续服用特非那定明显好转。当问到最近的饮食和生活习惯时，妈妈提起她看见女儿最近学习紧张，又逢酷暑高温，遂买了几瓶她平常很喜欢的葡萄柚汁给她。这时，法医想起了书桌上未喝完的葡萄柚汁，恍然大悟……

关键词

特非那定

葡萄柚（grapefruit）

重点议题 / 提示问题

1. 什么是尸检？如何评价它对于疾病以及死亡原因的意义？

2. 特非那定为什么会引起猝死？

3. 特非那定的浓度为什么会显著升高？

4. 药物代谢需要依赖什么酶？什么是肝药酶？它在药物代谢中的意义是什么？

5. 什么是肝药酶的诱导剂和抑制剂？它们在药物相互作用中的作用是什么？

6. 常见的肝药酶诱导剂和抑制剂有哪些？

7. 葡萄柚汁为什么会引起特非那定血药浓度增高？葡萄柚汁还可以影响哪些药物的代谢？

8. 如何评价私人诊所给小范开具的药物？存在哪些不合理用药问题？

教师引导

1. 引导学生学习讨论酶（肝药酶）在药物代谢中的作用。

2. 引导学生关注水果、食物可能与药物发生的相互作用。

3. 引导学生关注不合理用药。

四、参考资料

1. 杨宝峰. 药理学 [M]. 8 版. 北京：人民卫生出版社，2013.

2. Katzung，Bertram G. Basic & Clinical Pharmacology[M]. 14th Edition. New York：Appleton & Lange，2017.

五、PBL 带教前会议记录

参加者：案例作者、带教教师、课程负责人

案例名称：出租房里凋零的"花朵"

会议内容

（一）主要议题

1. 案例的目标是让学生通过案例学习药物代谢和药物不良反应等知识，配合基础学习模块中药理学总论知识的学习，以及其他相关知识的学习。

2. 本 PBL 案例是因葡萄柚汁引起特非那定血药浓度增高，出现尖端扭转型室性心动过速不良反应而导致猝死。在第一幕中，学生因为缺乏必要的药理学知识，可能还难以想到猝死的原因，会提出很多古怪的理由；但在第二幕的提示下，一般都会找准目标，所以学习目标最好在两幕都学完后再汇总总结。

3. 案例中关于葡萄柚汁的美容作用等的介绍，描述语言相对过多，而与案例关系不大，反而误导学生，建议删除。另外，关于女孩范萍萍喝葡萄柚汁的理由是爱美，与死者所处家庭生活条件有些不太相配，不如改为"妈妈提起她看见女儿最近学习紧张，又逢酷暑高温，遂买了几瓶她平常很喜欢的葡萄柚汁给她"符合情景。

（二）案例重点问题

1. 何为猝死？猝死的常见原因有哪些？特非那定为什么会引起猝死？

2. 肝药酶在药物代谢中有什么作用？水果、食物与药物会产生怎样的相互作用？关注不合理用药问题。

3. 过敏性鼻炎的常见发病原因有哪些？环境因素与过敏性鼻炎有何关系？

六、PBL 带教后会议记录

参加者：案例作者、带教教师、课程负责人

案例名称：出租房里凋零的"花朵"

会议内容

（一）讨论流程

1. 学生有丰富的 PBL 学习经验，进入状态较快而且很主动。

2. A 组学生在经过小组讨论以及老师的介入和提示，基本上完成了学习目标的制订。

（二）案例使用反馈

1. B 组学生对猝死的原因没有过多关注，带教教师提醒后也没关注，以至于在最后对案例的回顾中，带教教师提醒得比较明显才引起学生关注。但也被学生诟病提醒过于直接，缺乏技巧。作为带教教师，引导技巧有待提高。

2. A 组学生认为案例能吸引学习的兴趣和思考，可是由于基础知识，特别是药理学中药物相互作用的理论知识没有学过，不太能关注到是葡萄柚汁引起特非那定血药浓度增高而导致患者的死亡。

（三）存在的主要问题及建议

1. 学生由于缺乏相关的基础知识，提炼的目标还不够准确和精炼，因而抱怨记录员没记录到点上。

2. 同学思路发散不充分，讨论有些零散，不太具体和深入，表明前一天刚上的药理学总论的理论课没有内化。

3. 建议理论课的授课时间提前，有充分的学习和内化的时间。

七、PBL 课后学生形成的学习目标

A 组

1. 列举猝死的原因和类型。

2. 学习红霉素、特非那定和艾司唑仑的"PA-PA"模型[1]（关注药物和葡萄柚汁的相互作用）。

3. 了解造纸厂的空气污染与工厂管理。

4. 讲述"感冒"的机制及用药规范，鉴别"感冒"和过敏性鼻炎。

5. 了解抗生素滥用的情况以及危害。

6. 了解尸检及法医的相关知识。

B 组

1. 了解造纸厂工人的常见疾病。

2. 学习过敏性鼻炎的病因、发病机制、治疗、预后，以及复习鼻腔的解剖和组织学知识。

3. 学习红霉素、特非那定和艾司唑仑的"PA-PA"模型（关注药物和葡萄柚汁的相互作用）。

---

[1] "PA-PA"模型：physiology/pathophysiology,pharmacological effects, adverse drug reactions, clinical application

八、PBL 课后学生对案例的反馈

对于本案例，我们都很喜欢。由于案例改编自真实事件，生动细致地展现了一个相对完整的过程，包括生活环境、患病症状、诊治经过、最终死亡，逻辑缜密。

案例的学习内容贴近当下所学模块"药理学"的抗生素及抗过敏药物，同时涵盖了组织学与胚胎学、解剖学、心脏病学等相关内容。在学习过程中，我们归纳整理了药物的"PA-PA"模型。

案例提及了法医和尸检相关知识，比较新颖。另外，引入药物与日常饮食的相互作用，比较贴近生活。第二幕写得非常好，其中尸体解剖结果给我们较大的讨论空间，案例最后没有直接挑明患者的死因，留有空白，让我们有探索知识的渴望。

案例总体对我们仍存在较大挑战。案例的重点在于药物与葡萄柚汁的相互作用，最后因血药浓度过高而影响心脏，导致猝死，但药物对心脏的作用机制较为高深，需要查阅较多资料，在学习成果上，最后也没能深入解释药物如何影响心脏。另外，A 组同学认为案例在猝死的场面上描述得较为有趣，但 B 组同学认为这部分内容有较强的误导，讨论容易偏离。另外，案例来自真实事件，在生活方面描述得比较细致，与案例发展到喝葡萄柚汁有关联，但是"高温""浓烟"等词容易引起与目标不相关的猜想。

案例描写生动细致，能够引起我们的兴趣，但猝死的发生机制比较高深，案例学习存在较高难度，建议学习目标不要过多关注猝死的发生机制，简单了解即可。

PBL 案例教师版

灵丹妙药

课程名称：基础学习模块

使用年级：二年级

撰 写 者：林常敏

审 查 者：PBL工作组

汕头大学医学院
ShanTou University Medical College

一、案例设计缘由与目的

（一）涵盖的课程概念

本次课程为基础学习模块中关于药物受体的讨论案例。本阶段的学生已经对基础学习中药理学的一些内容有所了解。通过对本案例的讨论，一方面可以让学生对过敏性休克有深刻的认识，学习抢救中使用的肾上腺素的作用机制。（肾上腺素受体包括 α 受体和 β 受体，被激动时会产生不同的反应。另外，案例中提到的另一药物——"激素"，虽不作为重点，但学生可以进行了解。）另一方面，本次休克的发生是由医患沟通不到位导致的，学生可通过本案例进行相关方面的思考。最后，案例设置了紧凑的抢救流程剧情，成功挽救患者生命充分体现了团队合作的重要性。该场景的设置让学生体会到熟练掌握临床技能和医护紧密合作的重要性，同时也给他们未来进入临床增强了信心。

（二）涵盖的学科内容

药理层面　肾上腺素的作用机制是什么？激素的作用机制是什么？

临床层面　过敏性休克的诊断和治疗是怎样的？

沟通层面　为什么医师没询问出患者对头孢类药物过敏？医生和护士的团队合作与本次抢救成功有什么关系？

社会层面　如何对药物过敏的患者进行规范化的管理？

（三）案例摘要

王先生因被拟诊为"化脓性扁桃体炎"，需要接受抗生素治疗。医生在询问患者无头孢药物过敏史后，对患者使用头孢吡肟进行治疗，并应患者要求通过静脉输注药物。给予静脉用药 2 分钟后，患者出现了休克症状。医护人员发现后给予患者肾上腺素、地塞米松静脉推注治疗，经过医护人员的紧密合作抢救，王先生的生命得以挽救。

（四）案例关键词

过敏性休克（anaphylactic shock）

肾上腺素（epinephrine）

药物过敏（drug allergy）

地塞米松（dexamethasone）

二、整体案例教学目标

（一）学生应具备的背景知识

学生已学习了细胞生物学关于细胞结构、膜受体等知识。

（二）学习议题或目标

1. 群体－社区－制度（population，P）

（1）抗生素在日常生活中的使用及滥用情况是怎样的？

（2）抗生素用药原则及其在医、患中执行的情况怎么样？

2. 行为－习惯－伦理（behavior，B）

（1）描述过敏性休克抢救的流程和团队合作技巧。

（2）从这个案例，思考如何进行有效的沟通。

（3）列举药物使用的原则和药物过敏的预防措施。

3. 生命－自然－科学（life science，L）

（1）肾上腺素（膜受体）的作用机制和具体作用模式是什么？

（2）过敏性休克的分类、病理生理过程是什么？

（3）肾上腺素和糖皮质激素在治疗中的作用是什么？

（4）了解过敏性休克的抢救流程。

（5）糖皮质激素（核受体）的作用机制和具体作用模式是怎样的？

（6）了解我国当今抗生素的滥用现象，该现象会造成什么后果？

三、整体案例的教师指引

1. 本案例涵盖的内容包括过敏性休克的诊疗、肾上腺素和激素的使用等医学知识。过敏性休克是个需要迅速反应进行抢救的疾病。经过前面的学习，学生们对于失血性休克已经十分了解，教师可以引导学生比较不同类型的休克。教师需要提醒学生关注肾上腺素的作用机制，学习药物受体相关知识。激素方面，可不作为本次讨论的重点。

2. 引导学生思考为何医患双方在过敏史的询问中出现了沟通障碍。如果要避免过敏事件的发生，除了有效的语言沟通，还可以用其他什么措施？

3. 让学生总结医护人员的抢救过程，体会其中的紧凑性。在学习过敏性休克救治流程的同时明白团队合作、临床操作的重要性，为以后打下扎实基础，做好思想准备。

全一幕

王先生，35 岁，因喉咙痛 3 天到门诊就诊。医生拟诊为"化脓性扁桃体炎"，欲予口服抗生素治疗。但患者一再要求改成输液，理由是"工作忙，输液见效快"。医生禁不住患者要求，询问了患者没有头孢过敏史后，予静脉使用"头孢吡肟"。

输注 2 分钟后，王先生出现头晕、胸闷，对在旁边陪伴的妻子说他喘不过气来了，妻子一摸他的手都是冰凉的，赶紧跑过去喊医生。值班的陆医生听到家属呼唤随即飞奔过来，看到患者口唇发绀、脸色苍白、四肢湿冷，胸前区可见皮疹（风团），一边立即伸手扭停了静滴药物，一边喊路过的林护士测血压和血氧饱和度。林护士报告血压 60/40 mmHg，血氧饱和度 80%。检查的过程中患者的意识渐渐模糊。

有经验的林护士不等医生指令，赶紧将抢救车推了过来，与此同时，陆医生看着在一旁吓得手足无措的实习护士，吩咐她马上将停用了的头孢吡肟更换成生理盐水，又口头嘱林护士静脉推注肾上腺素 0.5 mg 和地塞米松 10 mg。从患者不适到完成用药不过 5 分钟时间，患者已逐渐清醒，在一旁的家属和医护人员都感觉像在鬼门关走了一回。

王先生随后被转到抢救室，医生要求护士必须保持气道通畅，进行心电和血压监测，之后测得血压 95/50 mmHg，血氧饱和度升至 90%，神志清，对答清楚，四肢也恢复温暖，脸色如常，胸腹部皮肤的风团也没有再扩大范围，陆医生和两位护士这才松了一口气。这时，再仔细询问患者，患者家属说王先生曾有先锋类药物过敏史，反复强调"不是头孢过敏"，陆医生哭笑不得，在病历上重重标注了药物过敏的红色字眼，让患者以后看病一定带上病历本。

关键词

过敏性休克

肾上腺素

药物过敏

地塞米松

重点议题／提示问题

1. 肾上腺素（膜受体）的作用机制和具体作用模式是什么？

2. 过敏性休克的抢救流程有哪些？

3. 药物使用的原则有哪些？如何预防药物过敏？

4. 过敏性休克可以分为哪几类？其病理生理过程是什么？肾上腺素和糖皮质激素在治疗中起什么作用？

5. 糖皮质激素（核受体）的作用机制和具体作用模式是什么？

6. 抗生素的滥用现象有哪些？会造成哪些后果？

7. 如何评价两位护士的反应和表现？团队合作的原则和技巧有哪些？

8. 从这个案例可以学到哪些有效的沟通技巧？

教师引导

1. 学生已经学习了失血性休克，对于休克的诊断和分类有一定了解，但本案例涉及的休克主要是药物过敏引起的，需要学生结合失血性休克，对比症状、生命体征的变化和抢救的原则，进一步探讨休克的病理生理机制。

2. 休克的抢救时机非常关键，让学生感受文字中的时间节奏，了解熟练的临床技能和丰富的临床经验对抢救的意义。

四、参考文献

1. 杨宝峰 . 药理学 [M]. 8 版 . 北京：人民卫生出版社，2014.

2. 贺密会，周践，周筱青 . 1534 例药物不良反应报表分析 [J]. 药物不良反应杂志，2004, 6(3)：189-191.

3. 杨晓华 . 1230 例抗生素不良反应分析 [J]. 中国药房，2001，12(2)：106-107.

4. 李利华 . 过敏性休克的诊断及治疗 [J]. 中国临床医生杂志，2009，37(9)：17-19.

五、PBL 带教前会议记录

参加者：案例作者、带教教师

案例名称：灵丹妙药

会议内容

（一）主要议题

1. 对案例细节进行部分修改，如"风团"这样的表达可能不是很专业。

2. 学生已经讨论过失血性休克，对于休克的定义和分类有一定了解，过敏性休克的病理生理问题可以适当展开。

（二）案例重点问题

1. 重点在于肾上腺素的作用机制、细胞膜受体。

2. 糖皮质激素的作用机制不是重点，让学生自己决定是否学习。

六、PBL 带教后会议记录

参加者：案例作者、带教教师

案例名称：灵丹妙药

会议内容

（一）讨论流程

1. 两次课课程进程流畅，2015 级 B 组已经非常熟练地掌握了 PBL 的过程。

2. 课堂讨论积极，过程有序。

3. 基本涉及 P、B、L 三个层面。

4. 没有涉及过敏性休克与失血性休克的对比症状，没有涉及过敏性休克抢救流程。

5. 学习目标达到预期的 80%，但有些需要教师引导。

（二）对案例的反馈

存在的主要问题及建议：

1. 学生对教师引导较多不太满意，他们希望自己掌握学习进展。

2. 有些学生对教师指出的他们的不足方面不能虚心接受。

3. 第二次分享学习成果，大部分内容是其中一位同学完成，团队合作精神稍显不足。

七、PBL 课后学生形成的学习目标

A 组

1. 了解头孢 / 先锋类药物的作用机制、临床反应。

2. 确定皮疹发生的原因及其病理生理过程。

3. 学习白三烯及组胺在过敏过程中的生理作用及机制（血管及平滑肌）。

4. 了解如何鉴别过敏性休克与心力衰竭。

5. 学习休克的定义、分类与发生机制。

6. 学习肾上腺素及地塞米松在休克治疗中的作用靶点及对应的机制。

7. 了解药物皮试的应用。

8. 了解抗生素用药规范。

9. 讨论电子病历共享的意义与风险。

10. 讨论患者对抗生素用药方式的决定权。

11. 了解如何对患者的过敏史进行问诊。

B 组

1. 学习先锋类药物的过敏及其机制。

2. 学习头孢吡肟、肾上腺素、地塞米松的作用机制（结合案例）。

3. 了解化脓性扁桃体炎的 SOP（病因、机制、症状、治疗、预后）。

4. 了解血压、血氧饱和度的危险临界数值。

5. 了解休克的定义及发生机制。

6. 了解抗生素用药方式的选择。

7. 了解胸前区皮疹的临床意义。

8. 了解抗生素过敏的急救流程。

9. 了解药物皮试的应用。

10. 讨论电子病历共享的意义与风险。

11. 讨论患者对抗生素用药方式的决定权。

12. 了解如何对患者的过敏史进行问诊。

八、PBL 课后学生对案例的反馈

我们认为该案例的设计较合理。首先，知识层面上，案例的学习范围贴合现在"基础学习"阶段的内容，让我们在提出有关 Ⅰ 型超敏反应的假说时也有一定的理论基础，并在此前提下有依据地推理出过敏性休克。关于药物，肾上腺素及地塞米松在我们还没接触生理学、药理学的情况下学习难度较大，考验我们学科间串联思考的能力，但因其为常用的急救药物，我们有较大的兴趣学习，因此进行了较深入的拓展。相关内容在课后查阅资料时难度适中，易于整理和内化。总的来说，life science 层面的主要目标难度较为适中，内容较合理。

同时该案例的人文目标设置我们较满意。人文背景贴近生活，案例中举出大众对药物认识有误解和偏见，如"对先锋过敏而对头孢不过敏"的医学常识误区在现实生活中普遍存在。针对这个点，我们的讨论不仅包含了"头孢类"与"先锋类"药物的区别，而且更多地讨论如何在问诊流程中引起重视来避免问诊的纰漏，这对于我们医学素养的培养很重要。

案例相对不足的点是仅有一幕，这使得案例的趣味性下降，也相对限制了我们思考和讨论的空间。在全一幕的情况下，案例的诊断和检查结果我们提前得知，由于缺乏一个探索分析案例走向的过程，我们没有很强的对案例问题进行深究的欲望。同时，案例一次性给出大量信息，我们一时间无法很好地梳理内容和讨论的思路，一些原有的思路和想法可能会被相对忽略或被压缩了讨论的时间。因此，我们建议在急救措施的前后分割案例。

此外，案例背景中的"化脓性扁桃体炎"被 B 组同学设置为学习目标，对于这一点，我们认为这个目标在该阶段的讨论意义较小，由此反映了当时同学可能存在容易草率将疾病作为学习目标的情况。由于"化脓性扁桃体炎"的设置容易扰乱讨论指向，我们建议老师在课堂上可以做出一定的指导措施来避免这一情况，或者可以在内容上做出轻微调整。

PBL 案例教师版

唐阿姨的难言之隐

课程名称：基础学习模块

使用年级：二年级

撰 写 者：林常敏

审 查 者：PBL 工作组

汕头大学医学院
ShanTou University Medical College

一、案例设计缘由与目的

（一）涵盖的课程概念

本案例源于基础学习模块中"糖代谢"的概念，与此最相关的临床疾病莫过于"糖尿病"。该病在临床上属于常见病，若直接由"三多一少"的症状入手，学生难免觉得缺乏挑战性，故设计了以该病的多发年龄（50多岁）、女性在妇科常见的症状"外阴瘙痒"作为切入点。

职业素养方面，因前不久协和医学院"七转八"考试后，一位考官感叹"没有一个学生询问患者查妇科是否需要家人陪同检查，只有一个男生注意到异性医生检查需要女性护士陪同在场；大部分人都只顾自己查，很少去关心患者有无不适"。由此，设计了关于患者隐私和感受的相关场景。

使用本案例的对象为低年级的医学生，他们在之前仅学习了人体结构模块，对于临床疾病知之甚少。而基础学习模块中，重点是人体基础代谢及相应功能，故本案例医学知识的重点概念是糖代谢、血糖调节机制、糖的跨膜转运，除此之外的相关内容还有脂质代谢、能量代谢、酶学、胰腺结构、胰岛素的功能、肾小管生理、受体、细胞膜结构、糖尿病的遗传因素、致病基因和基因表达调控、外阴的解剖和组织学结构、糖尿病的急性并发症、酮症酸中毒的机制。职业素养方面的重点概念是保护患者隐私、关注患者感受。公共卫生方面的重点概念是慢性病患者用药依从性的认知、糖尿病患者的健康宣教、糖尿病的慢性并发症及对患者和国家医疗卫生系统的压力。

（二）涵盖的学科内容

解剖组织层面　肝、胆、胰的解剖、组织学结构是什么？外阴的解剖和组织学结构是什么？

生理层面　肝、胆、胰的消化功能是什么？尿糖的生理机制是什么？血糖调节机制与胰岛素的生理功能是什么？

生化层面　糖的结构、糖代谢的过程是什么？糖在能量代谢中的调节角色是什么？

人文层面　医生应该如何与患者沟通？如何改善慢性病患者的用药依从性？如何进行糖尿病患者的健康宣教？糖尿病的慢性并发症及对患者和国家医疗卫生系统的压力有哪些？

诊断层面　尿常规检查包括什么项目？意义是什么？

临床层面　糖尿病的分类、临床表现、诊断要点和治疗原则是什么?

（三）案例摘要

唐阿姨，50岁，寡居。因"外阴瘙痒、尿频、体重下降1个月"到妇科门诊就诊。门诊医生未充分尊重患者隐私和感受，未进行有效的病情说明，造成了冲突。患者后来转诊至专科，得知自己得了糖尿病。

（四）案例关键词

血糖（blood glucose）

体重下降（weight loss）

外阴瘙痒（pruritus vulvae）

妇科检查（gynecological examination）

隐私（shameful secret）

2型糖尿病（type 2 diabetes mellitus）

饮食疗法（dietotherapy）

胰岛素（insulin）

健康宣教（health education）

二、整体案例教学目标

（一）学生应具备的背景知识

学生已学习了人体结构、细胞膜结构和膜受体的知识，应当有能力理解并探讨血糖在不同细胞的转运机制及与糖尿病的关系。

（二）学习议题或目标

1. 群体－社区－制度（population，P）

（1）医院的医务人员超负荷工作对社会医疗有什么负面影响?

（2）2型糖尿病的危险因素有哪些?

（3）糖尿病患者的后期并发症影响患者生活质量和消耗医疗资源，如何防止并发症的发生?

（4）中国已成世界最大的糖尿病国，有什么办法可以预防或延缓该疾病的发生？

（5）什么人群易患胆结石、胆囊炎？

2. 行为－习惯－伦理（behavior，B）

（1）为什么中国的女性对妇科等疾病"讳疾忌医"？如何消除患者的这种担忧？

（2）男妇科医生面临的尴尬——患者的选择"偏见"，以及妇科检查时的注意事项。

（3）患者为什么在妇科检查室"情绪失控"？作为接诊医生你会如何处理？

（4）为什么医生建议的饮食、运动方案在一开始患者始终无法严格执行？没有执行该方案对血糖控制不理想是否有影响？

3. 生命－自然－科学（life science，L）

（1）外阴的解剖和组织学结构是什么？其瘙痒感与糖尿病的关系如何？

（2）糖的结构、糖代谢的过程是什么？糖在能量代谢中的调节角色是什么？

（3）尿糖的生理机制、与血糖之间的关系是什么？

（4）从血糖的代谢和代谢调节、细胞膜物质转运、膜受体的作用方式等角度解释糖尿病各症状和疾病发展的分子机制。

（5）血糖在维持生命稳定中的作用是什么？血糖调节的机制与胰岛素的生理功能是什么？

（6）尿常规检查包括什么项目？意义是什么？

三、整体案例的教师指引

1. 糖尿病的案例使用对象为二年级医学生，对象缺乏相关的背景知识，临床知识、伦理、行为方面的要求对于学生都是比较大的挑战，因此，本案例旨在借"糖尿病"让学生更多地体会患者就医的心理，培养学生的同理心；同时，借该案例让学生深入学习糖代谢的生化方面的知识。其他的临床思维的培养、糖尿病的病理生理学机制等，在后期的学习仍会出现，在此不需要过深地诱导学生学习。

2. 从以往的经验看，学生很容易查找到医学基础知识相关的资料，但他们分辨能力不强，容易陷入某一个文献、某个研究中无法自拔，忽略其他知识点的学习，教师需要给学生提供必要的参考书，以有针对性地学习相关知识点。

3. 与此同时，人文、行为方面的文献和资料又相对贫乏，本案例的学习目标请了高年级同学试查文献，结果是人文方面符合循证医学要求的资料几乎没有。而这些学习目标，恰是本案例的要点之一。故带教教师需要引导学生代入患者、医生各自的角色，设身处地地思考，深入展开讨论。如在进行角色扮演之后，询问扮演者的感受，让同学们提出可行的解决方案。

第一幕

　　唐阿姨，50岁，夫早逝。近1个月出现外阴瘙痒、尿频，羞于启齿，常坐立不安，体重下降了10多斤。不得已到妇科门诊，排队近3个小时。就诊的时候方发现坐诊的是一男性医生，进退两难之际，队伍后面的患者不耐烦地催促，唐阿姨只得硬着头皮就诊。医生草草询问后，随手半拉上布帘，让唐阿姨脱裤子躺到妇科检查台上，不安全的环境使得她全身微微颤抖。医生皱了皱眉头说"腿张大点！"随即唐阿姨感受到冰凉的器械进入体内。唐阿姨忍着钝痛，听着门帘外熙熙攘攘的人声，在生理与心理的双重不适下，偷偷抹去了眼角的泪水。

　　医生说妇检一切正常，未多解释，又开了单让唐阿姨明天空腹查血糖和尿常规。唐阿姨的情绪终于失控："医生啊，我等了3个小时，你问了两句然后就开了这堆检查单，查妇科也就罢了，明天再查血查尿又是干什么！而且这么隐私的检查，你们连个布帘都不拉紧，病人也是人啊！"

关键词

血糖

体重下降

外阴瘙痒

妇科检查

隐私

重点议题 / 提示问题

1.50岁女性外阴瘙痒的常见原因有哪些？

2. 体重下降、尿频最常见的原因各是什么？

3. 妇科疾病患者的心理是怎样的？如何消除这种心理，让患者及时就医？

4. 为什么唐阿姨在妇科检查时感到"不安全"？行妇科检查时需要注意什么？如何保护患者的隐私？

5. 血糖检查的意义是什么？血糖异常最常见的原因是什么？

6. 尿常规检查包括什么项目？意义是什么？

7. 患者为何"羞于启齿"，1个月后才到医院去？

8. 为何知道是男医生妇科检查时，患者"犹豫不决"并且觉得环境"不安全"？

9. 患者为何"情绪失控"？作为接诊医生如何让患者安心？

10. 排队3小时、医生草草询问、未多解释背后有什么原因吗？

教师引导

1. 第一幕学生可能会被"外阴瘙痒、尿频、体重下降1个月"这些症状引导到妇科疾病的讨论中，引导学生将之列为学习点后，进入其他环节的讨论，勿在此耗费太多时间。

2. 学生可能没有学习过妇科检查的伦理规范，如男医生检查需要另一位女性医务人员在场，需要带教教师引导学生设身处地地从患者的心理、生理感受出发，让学生明了制度的由来，明白为何设立这样的"规矩"或制度，而非为了遵守规范而建"制度"。

第二幕

唐阿姨空腹血糖 11.5 mmol/L，尿糖（++），转诊至内分泌科言医生。言医生从患者的病史、症状和检查结果初步考虑"2型糖尿病"。唐阿姨说："怎么一家子都是糖尿病！"

言医生耐心地给患者解释了外阴瘙痒、体重减轻、血糖和尿糖升高的原因，以及糖尿病患者的饮食、运动注意事项。因唐阿姨素喜甜食，疏于运动，开始 2 周血糖控制始终不理想，言医生反复询问患者的生活习惯后，为唐阿姨制订了接近她生活习惯的饮食以及运动方案，同时进行了胰岛素基础疗法。严格遵医嘱 1 个月后，唐阿姨空腹血糖恢复正常，瘙痒等症状消失。

关键词

2 型糖尿病

饮食疗法

胰岛素

健康宣教

重点议题 / 提示问题

1. 糖尿病的病因及流行病学是什么？

2. 对 2 型糖尿病患者如何进行有效的健康宣教？

3. 从血糖的代谢和代谢调节、糖的跨膜转运、膜受体、肾糖阈等角度解释患者的体重下降、尿糖、血糖变化等症状。

4. 胰岛素、糖代谢和糖尿病之间有什么关系？

5. 1 型和 2 型糖尿病有什么不同？如果涉及基因的变化，了解这些致病基因是如何被发现的、研究的思路。

6. 2 型糖尿病患者健康饮食、运动疗法的原则是什么？

7. 糖尿病的常见症状是"三多一少"，是否能够从糖代谢和糖的生理调节机制分别解释这些症状出现的原因？学会用相同的思考方式，思考其他的症状、疾病发生的机制。

8. 你知道中国糖尿病患者数量吗？以及每位患者平均的治疗费用是多少？如果公众有基础的糖尿病医疗常识，从而延缓甚至减少糖尿病的发生，可以节约多少医疗支出？

教师引导

1. 糖尿病的饮食、运动疗法的原则是什么？患者难以坚持的原因是什么？

2. 可以调查每位糖尿病患者的医疗费用支出、国家医保需要承受的负担，在这样的基础上，可以看到疾病预防对于国家医保的意义。

四、参考资料

1. 中华医学会糖尿病学分会. 中国 2 型糖尿病防治指南 (2013 年版)[J]. 中华内分泌代谢杂志 , 2014, 30(10):893-942.

2. 中国医师协会营养医师专业委员会. 中国糖尿病医学营养治疗指南 (2013)[J]. 糖尿病天地：临床 , 2015, 10(7):73-88.

3. Vinay Kumar, Abul K. Abbas, Nelson Fausto, et al. Robbins & Cotran Pathologic Basis of Disease[M]. 8th Edition. Philadelphia: Saunders, 2009, 1131-1146.

4. Mescher AL. Junqueira's Basic Histology Text and Atlas[M]. 13th Edition. New York: McGraw Hill Higher Education, 2013, 471-479.

5. Linda S. Costanzo. BRS Physiology (Board Review Series)[M]. 5th, North American Edition. Philadelphia: Lippincott Williams & Wilkins, 2010, 153-154.

6. Hall JE. Guyton and Hall Textbook of Medical Physiology[M]. 12th Edition. Philadelphia: Saunders, 2010, 939-954.

7. Elaine N. Marieb, Patricia Brady Wilhelm, Jon B. Mallatt. Human Anatomy, Media Update[M]. 6th Edition. London: Pearson, 2010, 753-760.

8. Layden B T, Durai V. & Lowe, Jr., W. L. G-protein-coupled receptors, pancreatic islets, and diabetes[J]. Nature Education, 2010, 3(9):13-19.

9. Marathe PH, Gao HX, Close KL. American Diabetes Association Standards of Medical Care in Diabetes[J]. Journal of Diabetes, 2017, 9(4):320-325.

10. 张清 . 2 型糖尿病患者饮食依从性与影响因素分析 [J]. 糖尿病新世界，2015，35(7): 81-83.

五、PBL 带教前会议记录

参加者：案例作者、带教教师

案例名称：唐阿姨的难言之隐

会议内容

（一）主要议题

学生第一次采用临床的案例学习基础的知识，有可能需要老师引导学生关注医学基础的问题，临床问题如糖尿病的诊断和治疗等作为次要学习目标。

这个班的学生表现为比较排斥"显而易见"的人文问题，宜引导，不强迫。

（二）案例重点问题

1. 糖的跨膜转运。

2. 胰岛素的功能。

3. 血糖的调节机制。

（三）其他

学生已经非常熟悉 PBL 流程，需要强调 PBL 的理念而非形式。

六、PBL 带教后会议记录

参加者：案例作者、带教教师

案例名称：唐阿姨的难言之隐

会议内容

（一）讨论流程

1. 讨论过程较乱，考虑可能与重新分组后第一次讨论有关。

2. 在人文、行为方面，能呈现事实，但难形成议题。

3. 讨论较有条理，但个别知识点有疏漏。

4. 个人准备及掌握程度不同，发言不均匀。

（二）对案例的反馈

1. 第二幕中血糖和尿糖的结果不相对应（尿糖＋＋与血糖 11.5 mmol/L 不相对应）。

2. 第二幕中患者血糖水平为 11.5 mmol/L，此时就给予胰岛素基础疗法不符合临床诊疗常规。

3. 妇科检查仅有体检，没有相应实验室检查结果。

七、PBL 课后学生形成的学习目标

A 组

第一幕

1. 阐述糖尿病的诱因、发病机制、临床表现和治疗。

2. 列举血常规和尿常规的检查项目和临床意义。

3. 列举血糖检测的检查项目和临床意义。

4. 列举妇科检查项目和临床意义。

5. 阐述尿路感染的诱因、发病机制、临床表现和治疗。

6. 查询医院简单检查（例如血常规）的费用。

7. 列举医院妇检时相关隐私保护措施。

8. 列举 (非) 医护人员进入诊室的制度和规定。

第二幕

1. 列举尿糖的分级和原因。

2. 阐述糖尿病引发的组织病变和机制。

3. 阐述糖尿病患者的饮食指导和运动指南。

4. 阐述对高危人群饮食健康的宣教。

B 组

第一幕

1. 列举与外阴瘙痒、尿频、体重下降有关的疾病并做出初步诊断。

2. 列举尿常规、血糖检查的项目参考值与改变代表的意义。

3. 列举妇科检查相关的隐私保护政策。

4. 讨论如何降低检查器械带来的不适感。

5. 讨论医生可以如何改进做法。

第二幕

1. 列举糖尿病的分型、病因、诊断标准、对人体的影响、药物治疗、运动饮食治疗。

2. 阐述胰岛素的强化治疗方案。

3. 讨论如何提高糖尿病患者的用药依从性。

4. 糖尿病管理是否有专业治疗团队？

八、PBL 课后学生对案例的反馈

此案例讨论课的整体流程与之前大为不同，本次我们尝试了分为三次课进行的讨论方式，即第一次课只局限于第一幕进行讨论并制订学习目标，第二次课就第一次课学习目标进行分享后再进行第二幕的讨论与学习目标的制订，而第三次课用来分享第二幕的学习成果。整个流程下来的体验与之前相比，我们的思路变得更加开阔与发散。首先就 life science 部分而言，因为案例中的第一幕篇幅较短，缺乏大量细节，大家只能针对症状进行发散性讨论。比如就"尿频"的发生机制，我们做出了大量假设，并在课后积极寻求证据进行验证。而在人文方面，讨论的时间相对宽裕，也使大家更关注并集中于某些潜在的人文方面的问题，比如 B 组关注并讨论了医生工作负担重对医患关系的影响。

回归到案例本身，本案例不但具有严密的逻辑性，而且非常贴近生活。本案例以唐阿姨两次迥然不同的就诊经历以及病情加重第三次入院的经历为骨架，穿插了大量当下现实存在着的人文内容，展现了一个完整的病程，包括发病症状、就诊经历、检查结果、治疗。整个案例的学习内容十分贴近当下所学模块"生物化学与分子生物学"，同时涵盖了内科学和诊断学等相关知识。在学习过程中，我们先对糖代谢途径进行深入学习，并进一步覆盖到酮体代谢的内容，进而掌握糖尿病、苯丙酮尿症的发病机制。通过此案例，还使我们形成了对其他物质代谢（如脂质代谢）的框架性发散式思维模式，并促进了我们临床思维能力的提高。除此之外，案例生动形象的人文部分，尤其是患者隐私的保护、生活习惯与医疗依从性的宣教，引导我们进行了热烈的讨论与深刻的思考。

总体而言，本案例质量较高，life science、population 与 behavior 部分都十分精彩，而分三次课进行讨论的体验也非常成功。但是我们还是建议"三次课"的形式尽量不要在学期的中后期实施，中后期的学习内容繁杂，还是需要有所侧重，并不适合这种相对自由的发散。

PBL 案例教师版

贾小弟——游泳诱发的瘫痪

课程名称：基础学习模块

使用年级：二年级

撰 写 者：林常敏

审 查 者：PBL 工作组

一、案例设计缘由与目的

（一）涵盖的课程概念

本次课程为基础学习模块的案例，内容主要涉及"低血钾型周期性瘫痪"。本案例使用者是第一年接触专业课和 PBL 的学生。通过本课程的学习，学生能够在适应新教学方法下，锻炼自己的思维，串联知识，形成基础学习模块的良好开端。案例中以一个游泳后出现"瘫痪"的小孩为引子，引出医患沟通、封建陈旧思想、电解质紊乱等一系列问题。希望学生在两幕的案例讨论之后，一方面能够认识沟通的重要性；另一方面，在教师介绍 PBL 和循证医学这些新的教育理念后，学生能够体会到本课程的核心理念。最重要的是，按照 PBL 的步骤和方法，在这个简单的病例中，学生能够学习和巩固融入其中的医学基础知识。

（二）涵盖的学科内容

细胞和生理层面　结合钾离子通道的相关知识，了解低钾血症是怎样对肌肉和心脏产生影响的？心电图是在怎样的离子基础上形成的？

药理层面　口服氯化钾治疗低血钾型周期性瘫痪的药理机制是什么？

临床层面　低血钾型周期性瘫痪的诊断治疗是怎样的？肌力、肌张力、腱反射的概念是什么？列举肌力、肌张力、腱反射降低时的 2 ~ 3 个临床意义。

沟通层面　如何与不配合诊疗的家属进行沟通？

社会层面　重男轻女的思想会给临床工作造成什么困扰？

（三）案例摘要

患儿贾小弟，男，10 岁，因"剧烈运动、饱餐后下肢瘫痪 2 小时来诊"，体检：四肢肌力 0 级，肌张力降低，腱反射消失，病理征未引出，余无异常。首诊纪医生与患者家属沟通失败，导致进一步的家族史、过往史的询问以及抽血、心电图等辅助检查无法进行，家属情绪激动，拒绝配合诊治。上级医生言主任通过其娴熟的沟通技巧，以及对患者的关爱，消除了医患间的隔阂，得知了患者家中 6 个姐姐中 2 个有类似的症状，因农村重男轻女而未引起重视。急查血生化显示 K^+ 1.4 mmol/L；心电图也显示低血钾的相应表现。诊断为低血钾型周期性瘫痪，让贾小弟顿服了 10% 氯化钾 20 ml 及大量橙汁后第 2 天症状缓解。纪医生从该病例意识到医患沟通的重要性。

（四）案例关键词

瘫痪（paralysis）

低血钾（hypokalemia）

离子通道（ion channels）

低血钾型周期性瘫痪（hypokalemic periodic paralysis）

医患沟通（doctor-patient communication）

二、整体案例教学目标

（一）学生应具备的背景知识

讨论前学生应学习了细胞生物学和生理学中关于细胞膜结构和离子通道的知识。学生在前一个暑假已在临床进行了为期2周的临床预见习，对临床医患沟通有一定的感性认识。

案例之前在普通班使用过，当时学生完全没有PBL的概念，故课前设计了3次培训：① PBL和循证医学理念培训（资深教育学者讲座，2小时）；② 文献检索技巧分享（高年级学生，2小时）；③ PBL学习方法技巧分享（高年级学生，2~3小时）。培训效果与预期相符，学生讨论非常热烈。

（二）学习议题或目标

1. 群体 – 社区 – 制度（population，P）

（1）阐述中国社区医疗建设的重要性并提出完善的社区医疗建设方案。

（2）阐述2~3个目前中国农村重男轻女的现象可能给临床工作带来的困扰。

2. 行为 – 习惯 – 伦理（behavior，B）

（1）阐述本案例中导致医患沟通失败的原因。

（2）列举可能引起医患矛盾的原因。

（3）列举至少6项可以取得患者信任的医疗行为和语言。

（4）提出2~3个询问家族史、既往史的技巧。

3. 生命 – 自然 – 科学（life science，L）

（1）描述肌力、肌张力、腱反射的概念；列举肌力、肌张力、腱反射降低时的2~3个临床意义。

（2）解释急诊生化和血常规的检查内容和意义。

（3）应用钾离子通道的知识解释低钾血症对肌肉和心脏的影响。

（4）根据钾离子通道的知识，解释低血钾型周期性瘫痪的发病特点，并列举治疗和预防该病的总体原则。

（5）应用细胞内外离子分布的知识解释心电图的原理。

三、整体案例的教师指引

1. 案例中主要的疾病是低血钾型周期性麻痹，需要引导学生深入讨论钾离子通道的结构及其导致肌肉瘫痪的机制，而不要仅停留在一些表面现象的讨论上或脱离案例。

2. 本案例突出的非生命科学问题为医患沟通和重男轻女思想给临床工作带来的困扰。在医患沟通方面，可以提示学生思考导致医患沟通失败和医患关系紧张的原因，鼓励学生举例并提出自己的解决办法，更加设身处地地思考医患关系问题。在和具有重男轻女思想家属沟通方面，可提示他们如何避免在问诊中得到错误信息。

第一幕

周日下午6点半，儿科值班大夫、年轻的纪医生正在医生办公室吃饭，听到一阵惊慌失措的哭叫声："医生啊，快救救我的孩子！"纪医生丢下筷子，快速跑出办公室，看到一个农民模样的人抱着一个小男孩从门口冲进来。纪医生问道："怎么了？"小孩的妈妈拉着纪医生的手急忙说道："医生，求求你一定救救我的孩子！我家就这么一个孩子，无端端地就瘫了，我……"妈妈泣不成声。纪医生安慰家属："先到治疗室，我们看看。"纪医生暗想："接班才1小时，这已经是那个乡里送来的第3个患者了。"

男孩的妈妈断断续续地说，贾小弟今年10岁，下午2点多和邻居去河里游泳，玩了两个多钟头才上岸，回家直嚷嚷口渴，一下子喝光了桌上的一大瓶可乐，刚喝完不久就喊着腿麻，随后摔倒在地上，说他的脚没法动了，旋即被送到当地三甲医院。

纪医生一边吩咐护士做常规检查并准备抽血查急诊生化和血常规，一边快速给孩子做了体格检查。查体：四肢深浅感觉存在，四肢肌力2级，肌张力降低，腱反射消失，病理征未引出，余无异常。医生有了一个初步的判断。遂问贾小弟的妈妈："家里还有人有这样的病吗？"妈妈口气不善："我们全家都壮着呢！从来不生病！"纪医生又问："孩子以前生过什么病吗？什么时候开始出现这样手脚无力的现象？"妈妈没等医生说完就说："你这医生怎么这么说话的！我们家就这么个孩子，从来没病过！"

这边贾小弟见护士拿着针过来，顿时吓得直哭。家属一下子围了过来，七嘴八舌地阻止护士操作，理由是孩子这么小，还刚刚大病，为什么一来就要抽血，不是来看病的吗，还没看就开始抽血！纪医生和护士怎么劝家属都不合作。纪医生想了想，先开了心电图检查单要家属去交钱。家属不干了："医生啊，我们是脚痛，你怎么开了这么多检查？又是抽血又是心电图的，孩子这么小怎么耐得了？"一边还有家属嘀咕着："这医生一定是这个月奖金少了，拼命开检查赚钱呢，要不就是嫌我们没给红包！"

纪医生越解释家属越激动，没有办法只能红着眼圈打电话找二线的言主任。

关键词

麻木（numbness）

瘫痪

医患沟通

重点议题 / 提示问题

1. 下肢麻木发展至瘫痪的原因是什么？

2. 如何进行社区医疗的建设？

3. 导致肌力和肌张力下降、腱反射消失的原因有哪些？

4. 什么是急诊生化？什么是血常规？

5. 纪医生暗想"接班才 1 小时，这已经是那个乡里送来的第 3 个患者了"意味着什么？为什么这些患者不在乡卫生院就诊，舍近求远？有什么解决办法吗？

6. 患者家属情绪为什么这么激动？我们知道沟通都是双方的，医务人员，尤其是纪医生的做法能否启发我们思考如何进行医患沟通？

教师引导

1. 第一次 PBL 课程，课前必须再次描述 PBL 的步骤、过程。

2. 教师、学生间充分地自我介绍和认识，创造放松、信任的环境。

3. 分配角色：组长、记录员、（时间控制员）并让每个角色知道自己的责任。

4. 引导学生关注"population/behavior"层面，不要只关注"life science"层面。

第二幕

言主任匆匆赶来，一进治疗室，纪医生就委屈地简单说明情况。言主任没说什么，只走过去观察孩子膝盖摔破的伤口，轻轻地帮孩子把伤口包了起来，关切地问孩子痛不痛，刚刚摔倒时哭了没有，孩子很自豪地说："我没哭！我脚麻从来都不哭！"言主任掏出一颗牛奶糖："真是一个男子汉！这是伯伯奖励你的！来，你告诉伯伯，你的脚经常麻吗？麻了都这么摔跤吗？"孩子抹了一把眼泪，说："我上次去河里抓鱼的时候，脚麻后摔得比今天还厉害呢。那次姐姐还奖励了我一个大橘子，姐姐说脚麻吃橘子就好了。"言主任看了纪医生一眼，微微一笑，又转过去和妈妈说："你的心情我很理解！我家孩子小时候也怕抽血，更怕做检查。"言主任随后和家属解释，按医院的规定，入院的患者有一些常规的检查是一定要做的，比如血常规、尿常规等。言主任拍拍孩子父亲的肩膀说："孩子他爸，我们先做那些对孩子绝对没有伤害、又能明确诊断病因的检查。比如这抽血，我们只抽 2 ml，查孩子的血里面的钾和钙，因为现在怀疑是钾异常导致的瘫痪，如果钾太低，会影响心脏跳动，那样对孩子很危险的！"

在言主任的劝说下，患者家属的情绪逐渐平复下来。当言主任问及家中是否有其他孩子也经常喊手脚酸痛时，家属面带愧色地和言主任说，家里还有 6 个女孩，其中一个从 11 岁开始也经常喊脚麻，因为是女孩，也没怎么去管，她自己吃点东西对付下就过去了，也没大碍。

急查血生化显示：K^+ 1.4 mmol/L，其他正常。言主任和纪医生根据症状、体征、病史和实验室检查结果，诊断为低血钾型周期性瘫痪，让贾小弟服用 10% 氯化钾，每次 10 ml，每天 2 次。

第二天上午 8 点查房时，贾小弟已经能自己上卫生间，蹦蹦跳跳地吵着要回家了。

关键词

低血钾

离子通道

低血钾型周期性瘫痪

医患沟通

重点议题 / 提示问题

1. 取得患者信任的医疗行为和语言有哪些？

2. 橘子为什么可以缓解患儿的症状？

3. 低钾对肌肉、心脏有什么影响？

4. 重男轻女的现象与医疗有什么关系？

5. 低血钾型周期性瘫痪的发病特点、治疗方法是什么？

6. 纪医生在询问家族史和既往史的过程中引起了家属的不满，也得到了不真实的答案。为什么言主任可以得到真实的家族史？有什么我们可以借鉴的技巧？

7. 低钾是怎么影响肌肉、心脏功能的呢？能否用我们刚学习的钾离子通道的知识去解释这个疾病呢？

8. 家属为什么说他们只有1个小孩？其他小孩为什么不到医院诊治？

教师引导

1. 再次确认第二幕的流程。

2. 营造信任、轻松的学习环境。

3. 引导学生讨论、思考，而不仅仅是阐述检索的结果和答案。

4. 引导学生深入讨论钾离子通道的结构及其导致肌肉瘫痪的机制，而不要仅停留在一些表面现象的讨论上。

四、参考资料

1. Fontaine B. Periodic paralysis[J]. Advances in Genetics, 2008, 63:3-23.

2. Elbaz A, Vale-Santos J, Jurkat-Rott K, et al. Hypokalemic periodic paralysis and the dihydropyridine receptor (CACNL1A3): genotype/phenotype correlations for two predominant mutations and evidence for the absence of a founder effect in 16 caucasian families[J]. American Journal of Human Genetics, 1995, 56(2): 374-380.

3. Miller TM, Silva MRDD, Miller HA, et al. Correlating phenotype and genotype in the periodic paralyses[J]. Neurology, 2004, 63(9): 1647-1653.

4. Venance SL, Cannon SC, Fialho D, et al. The primary periodic paralyses: diagnosis, pathogenesis and treatment[J]. Brain, 2015, 129(Pt 1): 8-17.

5. Ptácek L J, Tawil R, Griggs RC, et al. Dihydropyridine receptor mutations cause hypokalemic periodic paralysis[J]. Cell, 1994, 77(6): 863-868.

6. Wang Q, Liu M, Xu C, et al. Novel CACNA1S, mutation causes autosomal dominant hypokalemic periodic paralysis in a Chinese family[J]. Journal of Human Genetics, 2009, 83(3): 660-664.

7. Laurie Gutmann, Robin Conwit. Hypokalemic periodic paralysis[N/OL]. UpToDate, 2018-10-25[2019-03-28]. http://www.uptodate.com/contents/hypokalemic-periodic-paralysis?detectedLanguage=en&source=search_result&translation=hypokalemic+periodic+paralysis&search=hypokalemic+periodic+paralysis&selectedTitle=2~17&provider=noProvider.

五、PBL 课后学生形成的学习目标

A 组

1. 阐述低血钾型周期性瘫痪的发病机制（关注遗传因素）、诱因（关注糖的摄入）。
2. 阐述钠离子、钾离子的代谢过程（吸收、排出、重吸收）及控制肌肉运动的机制。
3. 描述神经细胞膜电位的生理学知识。
4. 医生应如何主动与患者交流？

B 组

1. 学习比较感觉神经与运动神经在神经－肌肉连接处的不同。
2. 结合案例，分析低钾血症的诱因、发病机制及症状（重点学习低血钾型周期性瘫痪）。
3. 阐述低钾血症对心肌和骨骼肌的影响及其机制。
4. 医生如何与较低医学素质患者进行交谈？

六、PBL 课后学生对案例的反馈

PBL 课后，我们认为本次案例的 population、behavior 层面相当精彩，同时又很好地结合了 life science 层面的内容。首先，场景描述非常细腻，让人身临其境，听到"救救我的孩子！"便随着纪医生一同紧张起来，接着在抽血检查过程中又受到了家属的质疑和阻挠，符合现实情境，促使我们思考在医患矛盾日益突出的环境中，医生将如何做有效的沟通。在第二幕中，经验丰富的言主任先安抚患者情绪，体现了人文关怀，后又

深入浅出地解释了做检查的必要性，告知家属孩子面临的危险，充分体现知情权。先抑后扬的手法加深了我们对本案例的印象。其次，患者因为"游泳""喝可乐"摔倒，"吃橘子就好了"，贴近生活的同时，激发我们探究其发生机制。另外，患者家属存在"重男轻女"的思想，对女儿的身体健康往往不加重视，但医生对于这样的社会问题也常常无能为力，很难依靠沟通解决，我们期待整个社会的进步。最后，案例的选择比较贴合我们最近学习的细胞电生理，在建立假设、头脑风暴中有助于我们回忆所学知识，同时不断思考、提问，查找资料时目的更明确、记忆更深刻。

    总体而言，本案例质量较高，逻辑清晰，内容充实，有助于学生从中学习。

PBL 案例教师版

猫的眼睛

课程名称：基础学习模块

使用年级：二年级

撰 写 者：林常敏　郑颖颖

审 查 者：PBL 工作组

汕頭大學醫學院
ShanTou University Medical College

一、案例设计缘由与目的

（一）涵盖的课程概念

本次课程为基础学习模块中基因表达调控疾病主题 PBL 讨论的第 1 个案例，内容为"视网膜母细胞瘤"。本阶段，学生对基因表达调控总论已有一定的了解，希望学生通过该案例的讨论，运用"举一反三"学习法，为核心模块的进一步深入学习打下基础。同时，要求学生学习基因表达调控机制，尤其是癌基因的表达调控机制，重点掌握原癌基因和抑癌基因的种类、致病机制、所致疾病及视网膜母细胞瘤的治疗原则，引发医学生在医学行为、道德与职业素养、人文关怀等方面的进一步思考。

（二）涵盖的学科内容

组织层面　眼部肿瘤好发于什么部位与组织？

生理层面　*RB* 基因的突变可以导致什么疾病？致病机制是什么？

生化层面　*RB* 基因在细胞周期调控中起到什么作用？抑癌基因及原癌基因有什么种类？其致病机制是什么？

临床层面　视网膜母细胞瘤该如何治疗？

行为层面　患者家属如何选择合理的治疗方案？在这个过程中医生扮演什么角色？

社会层面　高级知识分子人群在就医及其情感关注方面有什么特点？

（三）案例摘要

此案例根据周国平《妞妞：一个父亲的札记》改编，描述的是妞妞母亲怀孕期间，因感冒、发热在急诊接受了 X 线检查。不幸的是，出生不久后，孩子被发现眼睛有异。医生诊断为"视网膜母细胞瘤"，建议手术治疗。但因患者家属迟迟未能做出决定，最终妞妞的结局令人心痛。

（四）案例关键词

视网膜母细胞瘤（retinoblastoma）

Rb 基因（*Rb* gene）

细胞周期（cell cycle）

原癌基因（proto-oncogene）

抑癌基因（tumor suppressor gene）

二、整体案例教学目标

（一）学生应具备的背景知识

学生已学习生物化学与分子生物学课程中基因表达调控及细胞学总论相关内容。本案例 PBL 的讨论，要求学生进一步学习细胞周期的调控、原癌基因与抑癌基因的种类及其导致的疾病和致病机制，同时锻炼基础生化学习模块"举一反三"的学习方式。

（二）学习议题或目标

1. 群体 – 社区 – 制度（population，P）

视网膜母细胞瘤等遗传学疾病目前在中国的流行病学情况如何？

2. 行为 – 习惯 – 伦理（behavior，B）

（1）医生如何引导患者及家属做出理性的诊疗选择？

（2）X 线使用的安全规范是什么？

3. 生命 – 自然 – 科学（life science，L）

（1）视网膜母细胞瘤的发生与 Rb 基因的突变有什么关系？

（2）细胞周期调控各个环节各有什么基因参与？这些基因如何调控细胞周期？

（3）常见的原癌基因和抑癌基因有哪些？它们在细胞周期调控中发挥什么作用？

（4）Rb 基因突变与其他肿瘤的发生有什么关系？

三、整体案例的教师指引

1. 本案例内容所涵盖的知识有细胞周期调控、原癌基因与抑癌基因及其相关疾病、RB 基因在细胞周期中的作用、视网膜母细胞瘤的表现及治疗。涵盖的知识点和层面较多，教师可适时提醒，逐层提示，引导学生进行全面思考。

2. 引导学生思考临床疾病及其与基因表达调控的关系，把基础生化灵活地运用到临床疾病的治疗及病情解释中。

3. 举一反三，通过视网膜母细胞瘤与 Rb 基因的关系，辐射到其他癌症相关基因与肿瘤的关系，并对其进行总结、讨论和思考。

4.鼓励学生对医生行为进行讨论，引发学生对医学生规范医学行为、道德与职业素养、人文关怀的思考。

全一幕

姐姐出生在上海一个高知家庭，顺产，母乳喂养。作为家中第一个小孩，姐姐承载了全家人的爱。快满月那天，妈妈喂完奶后突然发现姐姐的左眼不对劲，看起来就像猫的眼睛一样，夫妻俩立马带姐姐到最权威的眼科医院进行检查。眼科主任在对光反射检查时见左侧瞳孔呈白色，检查见左眼底白色浑浊物体。经进一步检查发现，姐姐得的是"双侧多发性视网膜母细胞瘤"，预后非常差。主任知道姐姐爸妈都是知识分子，因此直接告知他们，这是一种恶性程度很高的肿瘤，即使动手术，预后情况也不好，但目前最佳治疗方案仍是建议"左眼摘除，右眼放疗和冷冻"。现场另一位医生见状还插了一句："要不就趁年轻再生一个吧。"主任瞪了这位医师一眼说："这个疾病和 Rb 基因密切相关，如果决定再生，建议做基因检查。"

主任的话对于姐姐爸妈而言无疑是晴天霹雳，他们一下子很难接受这么可爱的孩子被"摘除眼睛"。在这期间，姐姐爸爸查阅了大量关于 Rb 基因、细胞周期、原癌基因和抑癌基因、各种化疗药物以及药物的副作用、视网膜母细胞瘤的发病原因和治疗方法等资料，走访了很多权威专家。亲戚朋友们知道姐姐情况后也热心地给予建议，各种渠道的意见观点不一。做或不做手术，对于姐姐家人来说，只是在"两个最坏"的选择间做选择，这让父母痛苦不已，反复思量，不幸的是，手术也因此被无限期拖延下来，直到姐姐生命的尽头……

姐姐是不幸的，但又是幸福的，因为她对疾病一无所知，在她的世界里，只有爸爸妈妈的无穷尽的爱和陪伴。但对于父母来说，之前的种种越甜蜜，最后留下的痛苦就越深刻。姐姐生命结束后，爸爸反复回忆自己做的决定，痛苦地追悔没有进行手术，没有尽最大力量留住女儿的生命，无论多长……

因为无法直面失去女儿的痛苦，最后深爱的两夫妻走向了分离。

如果当初毅然选择接受手术，这个家庭能够避免破碎的悲剧吗？

关键词

视网膜母细胞瘤

遗传病（genetic disease）

Rb 基因

重点议题 / 提示问题

1. X 线检查的安全规范是什么？和该患儿的病是否有关系？

2. 如何判断该疾病是遗传性疾病还是后天因素导致的？

3. 猫眼征（瞳孔发白）的鉴别诊断有什么？该患者为什么会有猫眼征？

教师引导

1. 准妈妈怀孕期间接受 X 线检查，是否合适？

2. 医生的语言是否合适？

3. 什么是视网膜母细胞瘤？有什么症状？如何诊断？如何治疗？

4. *Rb* 基因在细胞周期中有什么作用？

5. 原癌基因与抑癌基因的种类及其致病机制是什么？

6. 高级知识分子的就医特点是什么？如何帮助他们作出理性的选择，避免类似的"悔恨"出现？

7. 与学生讨论该如何进行坏消息告知，建议进行情景演绎：如果你是这位医生的话，你会如何告知患儿家属这个消息？

8. 关键专业知识归纳和引导

（1）学生能够讨论什么是 *Rb* 基因，以及 *Rb* 基因在细胞周期中的作用。

（2）引导学生讨论原癌基因、抑癌基因的概念，掌握原癌基因和抑癌基因的种类，以及它们的致病机制有什么不同。本案例中的基因为致癌基因还是抑癌基因？

（3）引导学生讨论美法仑、卡铂、拓扑替康的药物作用机制。

四、参考资料

1. 吴梧桐 . 生物化学 [M]. 北京：中国医药科技出版社，2015.

2. 管怀进 . 眼科学 [M].2 版 . 北京：科学出版社，2017.

3. Sun A，Bagella L，Tutton S，et al. From G0 to S phase：a view of the roles played by the retinoblastoma (Rb) family members in the Rb–E2F pathway[J]. Journal of Cellular Biochemistry，2007，102(6)：1400–1404.

4. Paggi MG，Baldi A，Bonetto F，et al. Retinoblastoma protein family in cell cycle and cancer：a review[J]. Journal of Cellular Biochemistry，1996，62(3)：418–430.

5. Corson TW，Gallie BL. One hit，two hits，three hits，more? Genomic changes in the development of retinoblastoma[J]. Genes Chromosomes & Cancer，2007，46(7)：617–634.

6. Zhang J，Benavente CA，Mcevoy J，et al. A novel retinoblastoma therapy from genomic and epigenetic analyses[J]. Nature，2012，481(7381)：329–334.

7. Shields CL，Shields JA. Retinoblastoma management：advances in enucleation，intravenous chemoreduction，and intra–arterial chemotherapy[J]. Current Opinion in Ophthalmology，2010，21(3)：203–212.

PBL 案例教师版

母子的"血"缘

课程名称：基础学习模块

使用年级：二年级

撰 写 者：叶 曙 郑颖颖

审 查 者：基础生化教研室

汕头大学医学院
ShanTou University Medical College

一、案例设计缘由与目的

（一）涵盖的课程概念

本案例是基础学习模块中的 PBL 讨论案例，主要涉及的内容是性染色体遗传性疾病。案例中以学龄儿童常见现象"膝关节疼痛"作为引子，患儿因为膝关节疼痛，平时容易出血来诊，经凝血功能等检查后，确诊为血友病 A。一方面，希望学生通过该案例的 PBL 讨论，学习血友病 A，重点掌握性染色体遗传性疾病的遗传方式。另一方面，由血友病扩展到其他染色体遗传性疾病的遗传方式及机制，使学生对染色体遗传性疾病的遗传方式及机制有全面的了解。同时设置患者自行用偏方治疗的问题，引发医学生在医学行为、道德与职业素养、人文关怀等方面更深入的思考。

（二）涵盖的学科内容

人体结构层面　膝关节的结构是什么？

生理层面　凝血因子在凝血过程中发挥什么作用？

遗传层面　性染色体疾病有哪些遗传方式？

行为层面　如何看待患者使用偏方治疗？如何劝说患者不要使用偏方治疗？

（三）案例摘要

此案例根据生化教研室"血友病"病例改编，描述的是 9 岁大男孩迈可因单侧膝盖疼痛 3 天来诊。既往有易流鼻血且不易止血的病史。本次来诊伴有全身新旧瘀斑，经检查后确诊为血友病。

（四）案例关键词

血友病（hemophilia）

性染色体遗传性疾病（sexual chromosome hereditary disease）

常染色体遗传性疾病（autosomal hereditary disease）

凝血因子（coagulation factor）

二、整体案例教学目标

（一）学生应具备的背景知识

学生应学习了"遗传与代谢"课程中染色体遗传性疾病的总论，对染色体遗传性疾病的种类、遗传方式及致病机制已有一定的知识积累。通过该案例的讨论，希望学生能够更好地理解性染色体代谢疾病，为遗传与代谢核心模块的进一步深入学习打下基础。

（二）学习议题或目标

1. 群体 – 社区 – 制度（population，P）

国家在胎儿性别鉴定方面是否有相关规定或法律？

2. 行为 – 习惯 – 伦理（behavior，B）

医护人员该如何劝说患者及家属进行正规的治疗？

3. 生命 – 自然 – 科学（life science，L）

（1）血友病的诊断标准是什么？

（2）血友病有什么种类？血友病的遗传方式有哪些？

（3）性染色体遗传性疾病有哪些种类？有哪些遗传特点？

（4）常染色体遗传性疾病有哪些种类？有哪些遗传特点？

三、整体案例的教师指引

1. 本案例内容涵盖的知识包括：常染色体及性染色体两种遗传方式，血友病的种类及遗传方式，凝血因子在凝血中起到的作用。需要学生根据案例的发展逐一分析。膝关节疼痛是学龄儿童常见的主诉，当患儿以膝关节疼痛来诊时，学生应将血友病纳入鉴别诊断。

2. 通过对案例的学习，引发学生思考临床疾病与遗传代谢的关系，把学到的遗传学的知识灵活地运用到临床疾病的治疗及病情解释中。

3. 通过对血友病 A 的遗传方式和致病机制的学习，辐射到其他染色体遗传性疾病。通过对它们进行总结比较，进一步理解染色体遗传性疾病的遗传方式。

4. 鼓励学生对医生行为进行讨论，引发医学生对规范医学行为、道德与职业素养、人文关怀等方面的思考。

第一幕

　　林迈可，9 岁，男孩，因左侧膝关节疼痛 3 天来诊，近期无外伤史。迈可的妈妈说，迈可最近没有任何的感冒发热、呕吐腹泻等感染病史。当询问迈可哪里疼时，他指了指左侧膝关节正中间位置，他说整个膝关节都很痛，但他无法说出哪里最疼，并且疼痛为持续性的。医生对迈可的疼痛评分等级为 7 分（1 分最轻，10 分最重）。迈可形容这不是一种刀割或者针刺样的疼痛，更像是因为关节肿胀而特别疼。此疼痛不随体位改变，且没有任何东西会加重或者缓解疼痛。患儿母亲说，曾给患儿吃布洛芬及对膝盖进行冰敷、热敷，均无法缓解疼痛。且该疼痛与是否运动无关。除了左侧膝关节疼痛外，无其他部位疼痛。

　　迈可的母亲补充：迈可从小就经常流鼻血，别的小孩流鼻血几分钟就止住了，他流鼻血怎么止都止不住。而且他从小只要稍微有点磕磕碰碰，就很容易形成一大片瘀斑。他的舅舅和他的哥哥也是。但是患儿的父亲没有相似的症状。

　　迈可按国家标准接种疫苗，无过敏史。体格检查显示：体温 37 ℃，血压 98/65 mmHg（正常），心率 100 次 / 分，呼吸 28 次 / 分。急病面容。一般情况：发育不良；皮肤：患儿全身有多处新旧瘀斑。无黄染，无脱水，无皮疹，毛发分布正常。左侧膝关节：关节肿胀明显，且有触痛，关节处皮温不高。患儿无法伸膝或者屈膝，关节活动度明显受限。右侧膝关节检查正常。

　　辅助检查：血常规及凝血功能检查如下所示。

	迈可的结果	正常值
血红蛋白	11.5 g/dL	儿童 11.5 ~ 13.5 g/dL
红细胞平均体积	80 fL	儿童 75 ~ 87 fL
血小板	350×10^9 /L	$(150 ~ 400) \times 10^9$ /L
出血时间	3 min	2 ~ 7 min
PT	13 s	10 ~ 13 s
PTT	> 120 s	35 ~ 40 s
凝血酶时间	10 s	10 ~ 12 s

关键词

左侧膝关节疼痛（left knee joint pain）

瘀斑（ecchymosis）

鼻出血（epitaxis）

重点议题／提示问题

1. 患儿为什么会出现左侧膝关节疼痛及全身多处新旧瘀斑？

2. 本病辅助检查中的PTT（部分凝血活酶时间）为何异常？有何诊断意义？

3. 根据患者的临床表现及凝血功能检查，是否可以做出诊断？如果不能，还需要进一步做什么辅助检查？

4. 患者的哥哥和舅舅出现类似的症状与患者所患疾病是否有关系？

教师引导

1. 本案例第一幕出现的症状包括左侧膝关节疼痛，但是患儿并无外伤及感染史，体温也不高。且患儿有多处新旧瘀斑及反复流鼻血的病史。教师可由无外伤及感染史入手，引导学生思考，排除外伤及感染导致的膝关节疼痛。一步步引导学生走向血友病 A 的诊断。

2. 本案例出现部分骨骼肌肉系统的体格检查，教师可适当地引导学生检索这些体格检查阳性体征和阴性体征的诊断意义。由于这些体格检查非本案例重点，但为膝关节疼痛患者常做体格检查，学生只需知道这些体格检查的诊断意义，无需深入了解。

3. 适当引导学生思考本案例中的 PTT （部分凝血活酶时间）异常相应的病理生理原因。

4. 引导学生诊断出该患儿为血友病 A，同时思考血友病 A 的遗传方式。由哪条染色体遗传？是显性遗传还是隐性遗传？由此推导为什么患儿哥哥和舅舅也有相似的表现。本案例重点在于引导学生做出血友病 A 的诊断，并进一步讨论血友病 A 的遗传方式，再通过其遗传方式解释患儿哥哥和舅舅相似的症状。

第二幕

医生考虑血友病 A 的可能性大，予行Ⅷ因子及Ⅸ因子检查。结果如下：

	迈可的结果	正常值
Ⅷ因子	45%	（103±25.7）%
Ⅸ因子	98%	（98.1±30.4）%

磁共振检查提示关节内有积液。血友病 A 的诊断明确。因血友病患儿经轻微碰撞后容易出现皮下瘀斑，可解释患儿有多处新旧瘀斑的原因。遂排除虐待儿童的可能。医生决定不做报警处理。

医生将患儿病情告知患儿母亲，患儿母亲感到非常疑惑，说："如果是这样的话，我的大儿子也有类似的症状，那他是否一定也有血友病？他有血友病的概率多大？孩子他爸都好好的呀，没有任何的出血问题，为什么孩子不像孩子他爸呢？我其实怀孕了，我不希望再生一个有病的孩子，我肚子里的这个孩子有病的可能性多大？"

由于患儿母亲腹中胎儿是否有血友病 A 与胎儿的性别有关，所以医生不能给出关于是否应该流产的准确答复。患儿母亲非常想知道这个答案。行胎儿性别检查，提示女性胎儿。患儿母亲将超声报告拿给医生，问医生："我已经确定，我这胎是个女孩，那她是否会有病呢？我是否该打掉呢？"

关键词

血友病 A

Ⅷ因子

瘀斑

遗传方式（mode of inheritance）

胎儿性别（fetal gender）

重点议题 / 提示问题

1. 患儿的哥哥是否也有血友病？有多大的可能性有血友病？

2. 为什么患儿的父亲无病，但是患儿有病？如果该病是常染色体隐性遗传疾病，若父亲无病，患儿是否可能得病？

3. 为什么说腹中胎儿是否有病与胎儿性别有关？现在已经确定腹中的胎儿为女孩，那么有病的可能性多大？

4. 列举其他伴 X 隐性遗传的疾病。

5. 血友病的孕妇是否可以行 B 超鉴定性别来降低产下血友病后代的概率？

6. 扩展思考：除了血友病 A 外，血友病还有哪几种类型？

教师引导

1. 第二幕诱导学生思考患儿哥哥有相似症状，是否一定有血友病；引导学生学习伴 X 隐性遗传这种遗传方式的特点。

2. 引导学生讨论患儿致病基因的来源。分性染色体遗传和常染色体遗传两种方式进行讨论。通过讨论以上两种情况，学会区分 X 染色体隐性遗传疾病与常染色体隐性遗传疾病的遗传方式的区别。

3. 引导学生讨论：当母亲是携带者时，X 染色体隐性遗传疾病对女性患儿的影响。

4. 引导学生举一反三，尽可能了解、罗列其他 X 染色体隐性遗传疾病。

5. 如果时间允许，引导学生适当讨论血友病的种类。（非重点内容）

四、参考资料

1. 朱大年，王庭槐. 生理学 [M]. 8 版. 北京：人民卫生出版社，2013.

2. 葛均波，徐永健. 内科学 [M]. 8 版. 北京：人民卫生出版社，2013.

3. 刘洪珍. 人类遗传学 [M]. 2 版. 北京：高等教育出版社，2009.

附件
PBL 教师手册（2018 版）

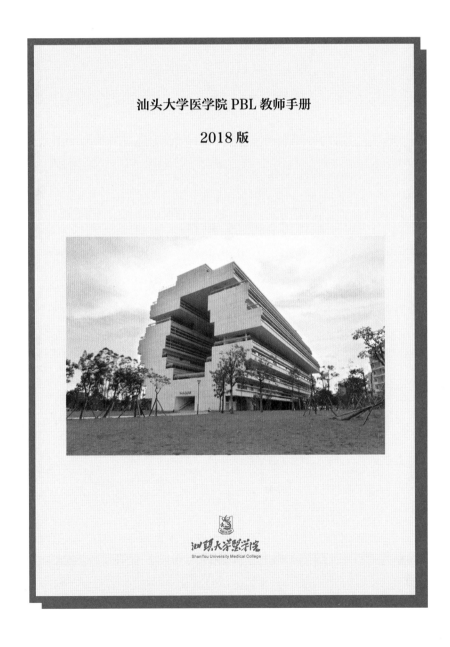

目　录

前言

2005 年的一天，温家宝总理看望了著名物理学家钱学森，与他谈到教育问题时，钱先生说："这么多年培养的学生，还没有哪一个的学术成就能够跟民国时期培养的大师相比。为什么我们的学校总是培养不出杰出的人才？"这就是广为人知的"钱学森之问"。这一问题本身就十分重要，因为在日益全球化的今天，国家之间的竞争是杰出人才之间的竞争，说到底就是各国教育质量之间的竞争。因此，找到解决这一问题的有效方法更为关键，这关系到民族的前途和命运。

从 2002 年起，汕头大学医学院就开始实行医学教育的大胆改革，率先打破传统医学学科间的界限，建立了以人体器官系统为基础的整合课程体系。经过多年的实践，这一代表"以学生为中心"现代教育理念的措施和成效在 2009 年获得了教育部临床医学专业认证专家的认可。学院师生更是再接再厉，在全英文授课的医学教育在国内普遍前途惨淡的背景下，创建全英文授课班，引入美国执业医师资格考试（United States Medical Licensing Examination，USMLE），有效地扩大教育国际化的规模，在病理、临床技能、教师培训等领域创新，于 2014 年获得国家级教育成果一等奖。

中国的教育必须通过改革才能摆脱"钱学森之问"的局面。随着科技日渐进步和知识更新步伐的加快，学生了解和记忆知识已经不再是教育所追求的目标。培养具有深度学习、提出和解决问题能力，兼具岗位胜任力和创新能力的学生才是现代教育的宗旨。学校必须放弃将毕业生的知识水平、考试成绩作为衡量教育产出的一贯做法，而要将教育的长远效果——毕业生的潜力、职业素质和终身学习能力——作为最准确的衡量标准。因为前者是技术学校的目标，而后者才是能培养出大师的高水平大学的目标。

汕头大学医学院决心举办"主动学习班"，吸取国外先进医学院校（如加拿大McMaster 大学）的成功经验，让医学生能有机会选择问题导向学习（problem-based learning，PBL）方式，在教师的辅导下，利用生活及临床的情景作为案例进行深度学习，培养学生自主学习、独立分析、有效沟通能力和团队精神。新教学大楼配备的符合 PBL 理念的优质设施也为这一教育改革措施的成功奠定了基础。

据我所知，在中国的医学院校中这是个创举。首先我必须感谢拥有"国家教育兴亡，你我匹夫有责"勇气和专业精神的各位同事，也特别感谢在亚太地区推广 PBL 理念和实践多年、获得同行尊重的关超然教授为我们把脉和指导。我更要感谢那些愿意加入"主动学习班"的同学，因为他们将为中国医学教育的发展提供最直接的数据和宝贵的经验。

"钱学森之问"是个重要问题。令人振奋的是，汕医师生将通过"问题导向学习"，为破解这一问题找到有效的解决办法。

原执行院长　边军辉

第一部分　PBL 的理念

一、PBL 的必要性：教育危机感

老师及学生们大概都很熟悉以下的说法："知识就是力量。教育是为了奠定学生知识的基础，学校是学生汲取知识的场所，老师就是学生获取知识的源泉"。这就是近代"以知识为本，以教师为中心"的传统教育思维。在中国，很多的大学生，甚至于大学的老师，至今还对此深信不疑。为了印证这一教育理念，有人甚至引出了韩愈的《师说》。唐代被流放到潮汕的文人主张学院的老师就是应当"传道，授业，解惑"（《师说》：古之学者必有师，师者，所以传道授业解惑也……）。乍看，韩愈似乎也是推崇这种"以师为本，传道解惑"的师徒传授教育模式，但研读文章不应断章取义。"传道授业解惑也"这句后紧接着写道："授之书而习其句读者，非吾所谓传其道解其惑者也。句读之不知，惑之不解，或师焉，或不焉，小学而大遗，吾未见其明也。巫医乐师百工之人，不耻相师；士大夫之族，曰师曰弟子云者，则群聚而笑之……古之圣人，其出人也远矣，犹且从师而问焉……"可见，韩愈其实并不主张这种教育理念，而是认为学习不应是"读死书，表面理解"（句读）；表象化的阅读很容易造成断章取义（小学）；太专注在繁文细节的内容又会失去大方面具体概念的掌握（大遗）。所谓"惑不解则道不知"，学习 / 读书应深入思考，句句咀嚼，主动剖析，方能有所进益。与有领导阶级地位的人士不同，学医学工艺的人士都不以互动学习、求教发问为耻（不耻相师；从师而问）。韩愈在《师说》中还引入了孔子的教育观，"圣人无常师。孔子师郯子、苌弘、师襄、老聃。郯子之徒，其贤不及孔子。孔子曰：三人行，则必有我师。是故弟子不必不如师，师不必贤于弟子，闻道有先后，术业有专攻，如是而已"。韩愈清楚地表明任何人都可以做自己的老师，不会因为对方的地位贵贱或年龄影响自身学习的心志。这与孔子所说"古之学者为己，今之学者为人"不谋而合，形成了今天"自主学习"教育理念的雏形。

传统教育思维风行百年，却逐渐偏离了古人的初衷，甚至步入歧途，最终落伍到跟不上现代生活的节奏，也不符合现代生活的需求。知识（knowledge）已经不再是力量，仅是辅助能力养成的一种载体，能力（competency）才是最核心的力量。教育不仅仅是为了教授和汲取知识，更是为了品德素养的孕育以及典范人才的培植。现代的科技（互联网、平板电脑、手机等）已将学校课堂大众化、平淡化（MOOC），缩小化（小组、团队、微课学习等），翻转化（翻转教室）及灵活化（不受时、地、空的限制）。资源的普及和学生知识需求的多元化使得学校课堂不再是求知的唯一平台，老师也不再是学生求知的源泉。对老师及学生而言，现今科技的飞速进程已经使得知识的非线性的生产超越了大脑本质对知识直线性的吸收，在这一现象必定会与时俱增的背景下，教育避免不了会有天翻地覆的改变。问题导向学习（PBL）不是唯一但却是目前最有效的学生自主学习理念平台。当然，PBL 必定要做到以学生为中心，才能够让学生发展自主；PBL 强调的是学生的学习，而非依靠老师的教授；PBL 注重的是对生活中的问题进行探索与解决，而非死记与生活脱节的枯燥知识；PBL 依靠的是小组团队多元化的动力，建立合作沟通的互动学习。一味盲目庸附于传统的知识传承不再是积蓄力量的宝典，而是一种造成教育危机的落伍理念。PBL 经验流程所赋予的能力才是生活里永续的力量，更是终身学习的机会。

二、PBL 的正其名：名正则言顺

PBL 在字面上的定义是 problem-based learning（问题导向学习），其命名来自首创 PBL 的加拿大 McMaster 大学医学院（下文简称麦大）。但在教育上的定义却具有更深奥多元化的内涵，麦大把 PBL 定义为一种教育哲学并称之为"McMaster philosophy"。PBL 在美欧经过了三十多年岁月才登陆亚洲，对 PBL 的诠译，在欧美日似乎更能得到大众的认同，而在华人世界里，由于翻译不当和自圆其说的扭曲，造成一些人对 PBL 产生误解。PBL 曾经很不恰当地被翻译为"以提问为本学习"及"以难题主导学习"。 其实，PBL 在教育学中正式的英文就有两种：problem-based learning 及 project-based learning。前者多用在高等教育以老师协导、学生自主为导向，而后者多用在中、小学教育或技术职业高校比较偏向老师主导内容的教学。若没有对 PBL 先做深入的研读，problem-based learning 中的"problem"的中文翻译本身就成了问题。虽然在进行 PBL 的过程中老师会鼓励学生提出问题从而进行主动学习，或者，老师会直接提出问题推动学生进行主动学习，再或者，老师利用有难度的问题激发学生进行主动学习，但这些对问题的把控方式都仅是 PBL 中管控团队动力的多种策略之一，绝非 PBL 中"problem"的本质。目前已经得到共识的 PBL 狭义解译是"问题导向学习"，这种学习模式更侧重于提高学生应对生活中各种问题的能力；包括了，但不仅是知识和技巧的灌输。PBL 中的"问题"就是将生活情境组成的案例作为学习的载体平台，可见，有效的教育策略应该与生活建立联系，所以将 PBL 翻译成"案例导向学习"也许更为妥切。事实上，"案例导向学习"在临床医学又很可能（事实上经常）被误解为对临床教学的病历的教学 / 分析 / 简报的学习（case-based learning）。更令人诧异的是，有人把 PBL 翻译为"问题导向教学法"，将 learning 诠译为 teaching（教学）。这些过于粗浅、狭义、缺乏深思的翻译，加上因为理念的偏差而产生的带有复杂后续性困扰的多种混杂式 PBL（hybrid-PBL）造成 PBL 理念的混淆与误解现象，像病毒般严重扩散。综上所述，要了解并真正做好 PBL，第一步必先正其名，然后才能思其义。

三、PBL 的叛逆性：反传统行为

PBL 是以学生为中心（学生对自己的学习规划负责），异于传统的以教师为中心（教师是学生汲取知识的源泉）。在学习的领域里，PBL 注重学习的过程（如何学及为什么学），而传统注重学习的内容（学什么及学多寡）。因此，PBL 的精神在于自主学习，而传统专注于促使被动学习。PBL 以小组讨论为学习形式，而传统则以大堂授课为基磐。PBL 以反馈为改善学习过程的评量理念打破了传统的科举考试制度遗留下来的弊端。在课程的规划上，传统式的教育理念只能组合（拼凑）科系和内容，而不能像 PBL 能统整（融合）多元化的观念与知识。不同于传统形式的推广教育或在职教育那种"终身受教"的被动学习，深入贯彻 PBL 的自主学习，不仅能达到终身学习的目的，还能升华至全人教育的境界。传统被动教授方法已属落伍，不能与现代的社会形态意识接轨，罔论在国际学术人才培育市场上激烈的竞争。PBL 的精神主轴在于"以学生为中心"的自主学习，教育若以"学生为中心"作为风向标，其实施才有可能达到学习自主化、生活化、全人化与整合化的成效。在这个信息爆炸、知识日新月异、学海无涯的时代，传统式的大堂课教学局限于教授古今知识作为学生知识的来源，以此来应对未来的概念已全然落伍并与现今的社会意识形态脱节。若未经过正规的 PBL 洗礼，有可能出现尽管老师明白在 PBL 的环境里应秉持"以学生为中心"并让学生"自主学习"的原则，不应授课教书，但一些欠缺经验的老师却会完全不言不语，让学生"天马行空"或"放牛吃草"，漫无目的地高谈阔论；或者有些老师让学生在固定的自修课（self-study）上阅读指定或分配到的教材或学习目标（这是老师主导的 directed self-study/learning），这也扭曲了 self-directed learning（学生团队自行主导学习，简称为自主学习）的真正意义。总而言之，在整体的近代教育理念中，PBL 是一个典型的反传统教育理念。

四、PBL 的发展史：跨越时与空

毫无疑问，在百年传统教育文化的笼罩下，PBL 反传统的教育理念需要经过千锤百炼的考验，才有出头的一天，这也反映出 McMaster 大学在医学教育创新过程中所经历的困难与辛酸。但是这一切也印证了一条不变的真理——只有懂得前瞻、勇于挑战、无惧失败的人或机构才能不断地创新、坚定地领导并推动一个新的纪元。McMaster 大学继 1965 开始策划 PBL 医学教育课程并于 1969 年正式实施后，经过不断地反思、修正及改善，于 1992 年又创建了举世皆知的循证医学（evidence-based medicine，EBM）。2004 年，在评价领域建立了以 OSCE 为架构的微站面试（multiple mini-interview，MMI）进行医学入学录取考试，以及测试个人医学知识进展的评价法（personal progress index，PPI），且均得到医学界的广泛采用。不难看出，PBL 的发展是不进则退的，也是与时俱进的。

McMaster 大学创立 PBL 以后，在十年孤独漫长的岁月中没有一所加拿大的医学院跟随 McMaster 大学的步伐，即使在美国，愿意试行 PBL 的大学也仅有 New Mexico 大学，在欧洲则以 Maastricht 大学为首，在澳大利亚则是 New Castle 大学尝试实施 PBL 课程。直到 1980 年医学教育改革之风才开始横扫欧美各国；20 世纪 80 年代，随着 PBL 研究文献的增多，PBL 逐渐受到关注并且快速席卷欧美，甚至冲击了当时世界级的大学龙头——哈佛大学。1985 年，哈佛大学医学院在 PBL 的理念基础上创建了"新途径课程"（New Pathway Curriculum），成为混杂式 PBL 课程的典范 [即在传统以教师为中心的课程（lecture）中注入 PBL 的理念及小组讨论的方法]。

夏威夷大学医学院继哈佛大学后，在 15 个月之内由传统的医学课程改革成 hybrid-PBL 课程 （请注意：与 McMaster 大学始创的 PBL 课程理念不同，大部分现行的 PBL 课程均是混杂式的 PBL 模式，这种模式中对学生自主学习的分量、方式、流程、评价及 tutor 师资的规定都参差不齐。由于在教育文献中对 PBL 没有一个中肯的定义，因此也形成了分析 PBL 实施成效研究的一片灰色地带）。值得注意的是，夏威夷是东西方文化的重要融合点，很多 PBL 的理念与实务是从这里传入亚洲的。

英国医学总会于 1993 年发布了一本称之为 *Tomorrow's Doctor*（明日医生）的教育白皮书，其中述及传统医学教育的种种弊病并提出具有针对性的改善方案，包括了 PBL 的学习态度（自主、自动、自律）及情境化的学习平台。这份白皮书在 1998 年被重申其重要性并回顾其影响力。它不仅刺激了英国高等教育界，也影响了一些过去以华人为主的英国殖民地（如香港、马来西亚及新加坡）的医学教育界。

两岸学术界对 PBL 的接受始于千禧年后，间接反映出中华教育文化存在墨守成规的保守特质。

五、PBL 的心头结：束缚下求变

PBL 理念突显了传统教育弊病的思维表现，而墨守成规的传统教育思维却又成了 PBL 理念的绊脚石，两者相互纠缠，最终形成了"心结"。由于 PBL 引发了对近代高等教育在根本理念上的反思，才会给全球的高等教育界带来无比巨大的冲击，让传统教育的盲目卫道者产生失去立脚点的恐慌。毫无疑问，要能够接纳 PBL 的理念必须舍弃一大部分近代传统教育的弊病，否则，PBL 的实施就会潜藏"挂羊头卖狗肉"的危机，成为一个带着"PBL 方法"面具而骨子里却流淌着"传统思维"血液的教学模式。混杂式 PBL 受国内外不少大学和医学院的青睐，因为一些 hybrid-PBL 仅是在依然庞大的传统制度下的一小撮课程／科目，是一种比较容易被接纳、能顾及两端的模式，但也很容易受根深蒂固的传统教育思维的牵制而无法推陈出新。这种"变"较容易被看到，却经受不住时间的考验，因为这种 hybrid-PBL 显示的"变"只是表面形式上的变，而不是内在实质上的变。近十年来，亚洲各国高等教育改革犹如雨后春笋，大学评估认证亦推展得如火如荼，因此很多大学在这近十年间不约而同地试行 PBL 也许并不是巧合。若大学或医学教育认证促使了对 PBL 的认同，这种认同就代表了酶促反应的"外源动机"（extrinsic motivation），即使是因为外源动机驱使而实施 PBL，也还是很有可能通过尝过了 PBL 的"清泉甘露"而激发了"内源动机"，所以采用混杂式 PBL 作为衔接过渡手段也未尝不可。这种转型（transformation）往往会在 3~5 年内发生，而且政策上也会跟着有震撼性的正面改变。倘若是仅流于形式的表面功夫，即使实施十年 hybrid-PBL 也不会使学生的学习态度或成效产生显见的成果。

传统教育之所以被称为传统，就是因为它不愿改变创新。历史很清楚地告诉我们，我们终其一生都在学习应变；我们的生死成败都与"变"息息相关。中华民族的传统中不乏优良的文化，但也隐藏着不少顽固的封建迷信和老旧思想。这些"旧"文化犹如沉甸甸的石头，在漫长的岁月中为传统筑成了难以穿透的铜墙铁壁。所以，突破传统是一条铺满荆棘的路，那些倒在这条路上的传授者们往往把自己教化学生之无能与无奈怪诸学生本质及中华文化，见怪不怪但也令人唏嘘。大部分的大学老师需要被重新打

造或培训，因为大学老师从来没有受过教育专业的培训，仅知传承过去"被教"的传统方法去"授教"。近几年来，各所大学都设置了教师成长中心（center for faculty development，CFD）或类似的机构，虽未臻完善但日渐成熟。

教育的工作是要由人性化的互动去催化智能的汲取与建立，电子计算机的惯性操作无法取代人脑心智的判断。例如，近年来盛行的一些 e-PBL 应用过分专注于 e- 化的手段，忽略了人与人的互动与沟通；就像是医疗行为应当结合患者的身心生活与感受去"医人"，而非动辄依靠科技仪器来"医病"。科技是达成教育目的（基础与临床）的种种工具之一，若不善于运用，以机械式的科技逻辑去作为教育与医疗的主流策略，则可能会影响学习者的自主性的思维及人性化的判断。

教育的成果，不能腐朽庸俗化、无意义地数量化与虚表地时尚化。

六、PBL 的前瞻语：为卓越奋斗

普及教育是为了造福群众，精致教育是为了培养精英，前瞻教育是为了迈向卓越。达到 PBL 的普及性，精致性及前瞻性尚有一段漫长崎岖的路要走。PBL 的沿革已经迈入了一个缓慢的历史流程。采纳、坚持及永续 PBL 教育主要的绊脚石是源自传统教育根深蒂固的弊病。若对 PBL 理念一知半解，自以为是，又会陷入传统教育思维的泥沼，甚至无法自拔。教育的目的若没有清晰的理念来指引流程，目标靶向就不够明确，教与学很可能变成无的放矢，建立不了预期的成效。PBL 的理念有很明确的发源地及产生的历史背景缘由去支撑，其教育成效亦有多元化教育研究的实证及时间的考验。PBL 可以说是当今高等教育黑暗路途中的明灯。

以下各部分代表本医学院老师在黑暗的 PBL 探索旅程中所点燃的明灯。

关超然

第二部分　PBL 的前期准备

PBL 实施五要素包括案例、学生、小组老师、场地、评价。要顺利实施 PBL，就要做好以下五方面准备：案例撰写、学生培训、小组老师培训及会议、小组讨论教室的确定、评价方法的建立。

一、案例撰写

案例撰写是实施 PBL 的基础，即"问题导向学习"中的"问题"。好的案例，要包含 P（群体－社区－制度）、B（行为－习惯－伦理）、L（生命－自然－科学）三个层面的内容，能涵盖不同学科（横向）和基础与临床（纵向）的整合思维，同时可以激发学生的学习热情。撰写案例主要包括以下三个步骤：

1. 确立学习目标

撰写案例前，首先要确立课程的学习目标，确定其涵盖的层面，然后再寻找合适的案例，撰写成合适的 PBL 案例。

2. 撰写案例

PBL 的案例是一种情境的表现，而非平铺直叙的记录性的病例。案例中语言应有目的性，精练而生动。撰写时，要根据学习目标，针对学生的程度撰写。所写的每句话都有其目的性，尽量不要纳入细枝末节（除非有特定的学习目的），以免学生纠结于细枝末节，在讨论问题时牵涉过广或钻牛角尖。

3. 编写教师指引

教师指引的撰写，可以使不同小组老师所带的小组最终都达到一定的学习目标。一些教师指引为了补充教师专业知识的不足，涵盖了犹如讲义的知识，这是错误的做法。教师指引的目的在于为帮助学生学习态度及方向的确立提供提示。每个案例最好不超过12 页。

二、学生培训

PBL 成功实施的关键因素是学生。PBL 与传统的学习方法之间有很大的差异，因此在 PBL 实施前，要对学生进行培训。让所有的参与者都充分了解 PBL 的理念和实施方法，让学生明白自己应该如何学习，同时还要进行提问技巧、文献检索等方面的培训。

可以用讲座、示范、视频及实际演练的方式进行。

三、小组老师培训及会议

PBL 小组老师要经过培训，不仅了解 PBL 的理念，更要对讨论过程中的管控技巧进行培训。小组老师要转变观念，明白自己的角色不再是"教"，而是帮助学生"学"。

PBL 讨论是由各个小组的同学在不同的小组老师引导下进行的学习，小组和小组之间相对独立。但是小组老师之间，在 PBL 讨论的前后通常要有小组老师会议。PBL 讨论前通常由撰写案例的教师描述案例撰写目的、要求达到的学习目标等；课程实施后小组老师可以讨论带教过程中遇到的问题，讨论解决办法。

四、小组讨论教室的确定

PBL 讨论时一般为 6~10 个学生一个小组，所需教室空间可以较小。讨论进行时要求学生能够有目光接触，因此教室里要有一张能够使学生围坐成一圈的长桌，同时要有一块可供记录的白板。讨论过程中并不提倡学生一边讨论一边上网查阅资料或者翻阅教科书，这样会干扰讨论的进程。学生自主学习放在课堂讨论完毕后，因此并不需要教室中配备计算机和网络。小组老师应与学生坐在一起，让学生感觉到老师也是小组的一份子，增加学生对老师的认同与接受。

五、评价方法的建立

PBL 学习的过程不同于传统大课，学生要自己发现问题、解决问题。而传统大课的评价方法只能考核学生知识的掌握程度，并不能评价其他方面的能力。因此要建立合适 PBL 的评价方式，才能了解学生是否达到了预定的学习目标和能力。小组老师不仅给成绩，还要详细描述每位学生学习的情况并给予具有针对性的反馈与建议。

评价包括学生自我评价、学生和学生之间互评及学生对小组老师的评价。评价的方式应在第一堂 PBL 课就让学生明确地知道。

辛　岗

第三部分　PBL 的流程与步骤

经典单一案例 PBL 课（两幕）在 2 周内分次实施：每周安排 2 次讨论，分别安排在周一和周四（或周二和周五），每次时长 2~3 小时。

PBL 基本流程与步骤简介如下：

1. 参与小组老师和学生轮流自我介绍（1 名小组老师，6~10 名学生）。

2. 小组老师简单讲解 / 复习 PBL 基本程序、规则和方法。

3. 由学生选出 1 名记录员（原则上由组员轮流担任），记录的同时参与讨论，在白板上呈现并初步整理讨论内容。

4. 小组 PBL 步骤：详见下表。

5. 评价与反馈：包括学生对自我、其他学生、带教小组老师和 PBL 过程的评价与反馈，以及小组老师对学生和 PBL 过程的评价与反馈。

评价与反馈环节至关重要，无论时间是否超时，这个过程都不可省略，在 PBL 课程结束之前一定要执行此环节的活动。

6. 如时间充裕，由小组自行决定是否进行总结环节，即简要总结学习成果，回归并审视案例问题，明确问题解决成效。

进程	目的	步骤
第 1 次讨论	发现问题，设定目标，制订时间管控方案	1. 研读案例，归纳事实，澄清概念，找出线索 2. 列出并明确要探讨的问题（需达成共识） 3. 就问题进行头脑风暴（基于现有知识和认知进行讨论） 4. 分析问题，提出并最终整合形成用于解释问题的假说 5. 围绕假说，明确学习议题 6. 讨论已有知识是否足以解决所列问题，以此确定尚待学习的范围 7. 回顾步骤 4~6，共同制订出明确、具体、相关、预期能够实现的学习目标，并按重要性依次排列

（续表）

第 1 和第 2 次讨论之间	查证，研读，分析，求解	8. 小组成员各人自行搜集资料和信息，每个成员的学习任务应覆盖与学习目标相关的全部议题，避免以省事省时为动机的任何形式的任务分配和包干行为
第 2 次讨论	分享，求证，讨论，批判，总结	9. 将个人学习成果（信息来源和内容）在小组内以口头讲解配合白板书写的形式呈现，并进行互动性讨论，包括分享困难、寻求解决 10. 小组通过团队合作，尝试应用所学新知识共同解决或分享第 1 次讨论所设定的问题及相关探讨

龙　廷

第四部分 PBL 小组老师的角色与职能

一、PBL 小组老师的角色定位

PBL 小组老师以引导小组学习为唯一工作目标。其作用是帮助成员学习，达到课程设计所要求的由学生自己领悟体会并提出、整理预期学习目标。PBL 小组老师的责任与传统大课老师以知识传授为主要任务的特点大不相同。在整个 PBL 讨论过程中，除非必要，老师无需主动提供知识咨询，而是作为一名旁观者，协助引导并评价、反馈小组学习，在激发小组学习讨论动力及引导讨论方向上发挥作用。

二、PBL 小组老师的角色内涵

一名 PBL 小组老师要具备以下特点：

1.充分准备，了解 PBL 课程学习目标、课程相关架构及各种学习资源。

2.激发友好开放的 PBL 讨论气氛，鼓励提高讨论效率的行为。

3.识别 PBL 小组成员中每个学生的特质和成长背景。

4.PBL 过程中要适时干预，但避免发号施令。

5.PBL 过程中机智敏捷地处理难题（非知识层面难题）。

6.PBL 讨论结束时，要鼓励小组成员勇敢回顾自己的表现，同时小组老师也要随堂进行自我反思。

经过培训，各种专业及职级水平的教师都可以成为 PBL 小组老师，当然，案例在自己专业范围内时，小组老师会有"安全感"。按照 PBL 规范要求，小组老师的职责是提供学习帮助，他们的背景知识和经验，无论是来自于一线教学、基础研究还是临床实践，都有助于促进 PBL 小组的学习。尽管如此，各学科专家们在执行 PBL 小组老师职责时，要注意角色转换，充分扮演促进性角色而非发号施令者。

三、PBL 小组老师的必备技巧

1.保持开放与信任的氛围，鼓励 PBL 小组成员间互动。有效的互动技巧，如眼神交流，友好、礼貌的态度和尊重等方法，是营造和谐学习氛围的基本功。

2.引导学生建立健康的学习态度、运用有效的学习方法、遵循正确的学习方向。避免过分浸淫在知识层面不可自拔，使得 PBL 演变成小组教学或单纯的知识传授。小组老师应注意引导小组讨论的内容不要偏移主题，要提醒学生时刻围绕着预先确定的学习目标进行。

3. PBL 强调学生主动学习、自我引导并寻求所需知识，勿将"PBL 案例教师版"中既有的文献或参考数据和盘托出。鼓励学生探究如何根据预先确定的学习目标和问题去获得相应知识、解答问题，以达到既定学习目标。鼓励学生尽可能从专业网站及医学学术期刊上去寻找适用的数据和证据，以补充现有医学教材的不足。

4. 提高小组讨论效率，保持小组学习过程畅通无阻。

（1）讨论之初，可提示小组先行设立讨论计划。

（2）讨论进行过程中，如发现有影响小组讨论流程通畅的问题，要提醒（或暗示）小组成员给予注意，要立即处理 / 改善这些问题。

（3）督促学生随时监控小组学习情况。每个问题讨论结束时，鼓励小组成员对讨论全过程进行回顾，及时进行自我反思，以提高整体表现。

（讨论过程中常见问题及来源和解决方法，请参考第六章。）

5. 综合评价学生表现。小组老师应当熟悉本校评价策略，并及时对每位学生和（或）整个小组表现进行形成性评价（用于反馈）或终结性评价（确定进展）（详细资料见第六章。）

四、PBL 小组老师的观察项目

在小组讨论过程中，小组老师要同时观察 / 注意什么样的讨论内容和流程呢？要随时保持与学生间的眼神交流，注意学生肢体语言，营造安全有效的学习环境。要时刻注意团队学习动力，如有问题要及时提醒并做处理。详见下表。

观察项目	不同表现形式
参与度	● 参与度高者，参与度低者，沉默者 ● 参与度"转移现象"：参与度高者突然默不作声，或参与度低者突然滔滔不绝
影响力	● 霸道型：试图用个人意志或价值观影响其他组员；或促使其他组员接受自己的决定 ● 和事佬型：持续避免在小组中发生冲突或不愉快；或在给予其他组员反馈时，只说动听的好话而避免指出缺点和错误 ● 放任型：退缩，漠视、不关心小组的活动 ● 民主型：试图让所有小组成员参与讨论或决定过程；可以开放地接受别人的批评和反馈；当小组张力紧绷时，试图以正性解决问题的方式处理冲突
小组氛围	● 友善和谐 ● 以学习任务为导向，令人满意 ● 小组成员很投入 ● 个别组员引发冲突并造成不和谐
组员情绪	● 正面情绪：稳定、兴奋等 ● 负面情绪：愤怒、受挫、防御、竞争等
小组认同感	● 小组之中存在"次小组"现象，个别成员置身于讨论之外 ● 成员时而"进入"、时而"退出"小组讨论
做决定过程	● 所有成员共同参与决定过程，达成共识 ● 少数组员做出决定意见并径自付诸执行（未征求其他成员意见） ● 做决定过程中，有个别成员贡献未得到响应或认识

（续表）

规范	● 存在讨论禁忌 ● 只能接受正面情绪表达 ● 成员间过于谦让，轻易接受彼此意见
讨论点	● 是否聚焦在问题上，是否跑题 ● 小组讨论主题跳跃

吴　凡

第五部分　PBL 实施中的评价与反馈

PBL 强调以学生为中心，注重学生学习过程，目标是培养学生主动学习、终身学习能力。学生要对自己的学习过程及结果负责。因此，PBL 评价方式也必然异于传统以知识考核为主的终结性评价模式。PBL 更注重小组讨论课结束后的即时反馈，为学生提供改进其个人行为和态度最有效的意见和建议。

一、形成性评价和终结性评价

形成性评价和终结性评价是两个重要的概念。传统教育常用以笔试为主的考试形式，以此将学生学习成果优劣进行分类，便于施教者判断或奖惩，此种评价形式称为终结性评价。终结性评价的目的是对学生学习成果进行判断。PBL 采用多元化形成性评价模式，其目的是帮助学生改进学习过程。诚如每次 PBL 小组讨论后学生自我以及对组内同学口头评价、小组老师给学生即时口头反馈等，都可以帮助学生认识和保持自己学习过程中的优点，发现不足，并利用小组老师在即时反馈中提供的建议改进学习方法，调整学习方向。

二、PBL 中常用的面对面即时反馈、评价表的应用

1. 形成性评价之一：即时口头反馈

（1）目的：帮助学生、小组老师发现自己的长处和短板，指向性地扬长避短，积极地优势互补。

（2）形式：每次 PBL 小组讨论结束前，都需要利用 10~15 分钟时间进行学生对自我、组员、小组老师及小组老师对组员的面对面反馈。

该反馈也可以利用评价表进行（自我评价、同伴评价、小组老师评价学生、学生评价小组老师）。不过常因为时间紧迫，在讨论结束后行即时口头面对面反馈。

（3）反馈技巧

1）口头评价注重客观性观察，而非基于主观性推论，注重使用描述性语言而非判别性词句。无论正面还是负面评价，都要根据评价者（小组老师或其他指定人）观察到的场景，引用被评价者的语言，有针对性地进行评价。

2）多使用正性语言进行评价。

3）分享经验，避免说教。

4）尽量以各种数据 / 证据示人，不宜用解答或解决方式。

5）反馈内容要对被评价者有所裨益，而非反馈者的个人情绪发泄。

6）给予对方的建议应充分考虑对方能够接受的程度。

7）应适时适地提出反馈，以减少个人伤害。

8）反馈时宜着眼于"对方所说"，而非"为何而说"。

小组老师应特别留意学生间相互评价与反馈时所持的态度，及时善意地纠正不适当的行为、语言及态度。

2. 形成性评价之二：PBL 评价表（表 1~ 表 3）

（1）目的：在即时反馈前形成系统评价，保留资料以形成学生学习档案，也可形成量化测量参数，用于未来终结性评价。

（2）形式：可以在每次 PBL 结束前进行；也可在课后填写网络评价表（非即时反馈，效果略逊）。

（3）注意事项

1）如果需要为终结性评价提供参数，学生应该提前知道评价方法。

2）应进行阶段性总结并为学生提供相应阶段性反馈，帮助学生认识自己的优点，知晓急需改进的方面。

3）基于不同目的和使用便利，形成性评价和终结性评价两者可结合使用。

4）评价表填写比较费时，学生若无耐性或不负责任填写，会影响评价信度和效度。因此，评价表需谨慎设计。

5）评价分数要赋予整数值。

表1　PBL 学生评价表（教师版）

班级 _____　小组 _____　小组老师 _____　日期 _____

评价项目	学生姓名							备注
1. 参与程度								
2. 发言有效性								
3. 团队合作及沟通能力								
4. 资料准备								
5. 领导力 / 同理心								
总分								

总体反思

优点：

缺点：

建议：

附：评价项目细则（计分均为整数）

项目	0分	1分	2~3 分	4~5 分
1. 参与程度	缺席	无：出席但完全 / 几乎没有参与讨论	参与：但非主动，在同学或小组老师的暗示或督促下参与	积极参与：主动分享自己的观点，积极补充同学发言，观察组员行为并提出反馈
2. 发言有效性	缺席	无：附和其他同学，没有个人观点，发言少	一般：发言简洁度、完成讨论目标能力不足；或仅复述资料，缺乏个人观点陈述；对他人发言无法提出意见和建议；对推动小组讨论进程缺乏帮助	有效：发言简洁，目标明确；对其他组员发言能提出个人意见或补充，提出的观点可以积极推动小组讨论进程；能够对组员提供有效反馈
3. 团队合作及沟通能力	缺席且没有参与课前小组准备活动，由小组同学界定	差：参与课前的小组准备活动，课上没有有效互动、合作	一般：课前、课上比较积极地参与小组讨论和活动；组员与其相处比较愉快	好：在讨论陷入困境时能够协调组员找到目标、摆脱困境；有明确的小组目标并为之服务；组员对其合作能力评价高
4. 资料准备		简单：复制和复述；资料来源缺乏可靠性	归纳总结：进行了资料整理，分析了各类资料的可靠性并有所选择	内化：资料来源可靠，发言时可以脱稿、画图演示
5. 领导力 / 同理心		无：出席但没有表现出领导力或同理心	有：时间控制好；明确小组目标，并提示组员注意讨论进程；主动提出与"社会""行为"相关的学习目标；对案例所描述情境可以"将心比心"地进行分析	优秀：有明确的团队目标，在关键时刻引领任务进程；组员对其领导力评价高；对案例中患者所处境地进行换位分析，并积极寻找资料、提出有效解决方案

表 2 PBL 小组老师评价表（学生版）

班级 _____ 小组 _____ 小组老师 _____ 日期 _____

序号	项目	（1）非常同意	（2）同意	（3）无意见	（4）不同意	（5）非常不同意
1	小组老师清楚本案例学习目标并有意识地引导学生完成					
2	小组老师通过问题引导学生进行逻辑性、批判性思考					
3	小组老师常用鼓励性话语激发学生探索知识的兴趣					
4	小组老师表现出良好的职业素养，包括着装、言谈、伦理等					
5	小组老师能够给予学生有效、具体的反馈，帮助学生认识自身优点和改进点，并指出改进学习的方向					

请提供您对小组老师其他的建议事项或意见：

1. 主要优点有哪些？

2. 主要缺点有哪些？

3. 下次小组讨论您认为小组老师应该做些什么或不做些什么，以便加以改进？

表 3   PBL 讨论学习评价表（团队及自主学习的反思与互评）

班级 _____   小组 _____   小组老师 _____   日期 _____

序号	项目	（1）非常同意	（2）同意	（3）无意见	（4）不同意	（5）非常不同意
1	本组同学参与度良好					
2	同学之间互动良好					
3	本组讨论之进行流程顺利					
4	讨论内容有系统性、组织性并充实					
5	本组同学均认真搜集资料					
6	同学们的学习兴趣高昂					
7	本组同学大多能达到预定学习目标					
8	对学习方法、思维能力培养有帮助					

1. 您认为自己在本案例讨论中：

　　（1）最突出优点和能力各是什么？

　　（2）与上个案例比较哪些方面已有实质性改进？哪些还需改进？

2. 您认为哪位 / 几位组员最值得钦佩？最值得钦佩的地方是什么？

3. 您认为哪位 / 几位组员还需要帮助？需要帮助的地方是什么？

林常敏

第六部分 PBL 实施中的常见问题与解决建议

问题 1. 小组不知从何开始，不知道该做什么，可能呈现些许焦虑和寂静，却看不出任何预备进行讨论的热诚，您怎么办？

建议 1：在给小组发资料前，指定两名同学分别作为组长和记录员（每次指定同学时，本着公平原则，轮流担任），而组长必须提前准备这次讨论，默认每次讨论可以由组长开始，这避免了开场时冷场。讨论可以以组员快速朗读资料形式开始，既熟悉了讨论内容，又带动了积极性。

建议 2：可以在冷场时抛出问题引导学生，或者学生出现冷场时，可以针对那个冷场问题进行评价或解答或留予某位同学课后查找等方式以越过该冷场点。同时也可以从讨论过程中了解哪位同学积极性较高，可以指定该同学发表其看法。

建议 3：带动每位同学，让每位同学都开口说话，无论对与不对，都应该先肯定其发言，针对其观点，再进行评价。组长在讨论过程中必须带动发言比较少的同学，避免发言两极分化现象。（孟勇）

问题 2. 小组中有两位学生质疑问题导向学习的价值，他们认为参加小组讨论并预备讨论资料是浪费他们时间，尤其是在考试期间。您怎么办？

建议 1：合理分配课后任务，以减少学生学习压力及 PBL 花费的时间。

建议 2：通过成功的 PBL 演示，体现出 PBL 的价值，让学生感受 PBL 的优势。

建议 3：进行讨论内容的有效记录及资料规范整理，可以作为学生考试复习要点，贴近学生考试内容。（孟勇）

问题 3. 虽然您很努力，小组还是无法发挥功能，小组学生们表现沉默，不专心听别人意见，整个讨论没有清晰的思路，没有热情，您怎么办？

建议 1：讨论前告知学生，完整聆听其他同学意见，不打岔，不一棒打死，先肯定后评价并发表自己观点。

建议 2：及时发现小组讨论方向是否偏离主题，及时导回。

建议 3：讨论期间，可以提示组长或者记录员及时对已讨论问题及记录资料进行整理，以突出讨论主线，理清思路。（孟勇）

问题 4. 在小组讨论中有一位学生针对讨论问题提出了一个显然不合逻辑的假设，您怎么办？

建议 1：相信学生们的自我修正能力，暂不干预，给学生们适当时间让他们自我发现问题。通常情况下，对于某位同学提出的显然不合逻辑的问题，其他同学会很快给予否定或经过简短讨论后予以否定。

建议 2：如果较长时间（超过 5 min），这个显然不合逻辑的假设没有被否定，甚至错误引导了讨论方向，可以参照教师版案例（tutor guide）建议的"提示问题"对学生进行提示，以纠正讨论方向。

建议 3：如教师版案例未列出相应学习目标的"提示问题"，小组老师根据现场情况，按照能够引导学生讨论达成学习目标所给予最小干预原则，对学生进行适当提示。同时，记录和标注有关提示问题，反馈给教师版案例撰写者及有关人员，以便进一步完善教师版案例。（王革非）

问题 5. 小组读完学生版案例第一部分，在简短讨论后，有部分学生反映他们找不出重要问题，除非有更多资料，您怎么办？

建议 1：对照教师版案例，按照建议的"提示问题"，对学生进行适当提示。

建议 2：小组老师根据现场情况，按照能够引导学生讨论达成学习目标所给予最小干预原则，对学生进行适当提示。例如，提出少量关键词，或者用提问方式让学生们关注有关线索等。同时，记录和标注有关提示问题，反馈给教师版案例撰写者及有关人员，以便进一步完善教师版案例。（王革非）

问题 6. 小组读完学生版案例第一部分，学生们认为他们已经抓到重点且有合理解释，因而觉得这个案例没有必要再讨论下去，您怎么办？

建议 1：小组老师在确认知晓学生讨论进度情况下，对照教师版案例，评估学生是否已经完成第一部分学习目标。如果是，则继续进行学生版案例第二部分。

建议2：对照教师版案例，对学生未达到或讨论的学习目标，按照建议的"提示问题"，对学生进行适当提示。

建议3：如教师版案例未列出相应学习目标的"提示问题"，小组老师根据现场情况，按照能够引导学生讨论达成学习目标所给予最小干预原则，对学生进行适当提示。同时，记录和标注有关提示问题，反馈给教师版案例撰写者及有关人员，以便进一步完善教师版案例。（王革非）

问题7.在小组讨论中学生们列出一些和案例相关的重要问题，但学生们并未就这些问题做进一步讨论，也没有记录在学习目标中。学生们直接决定提早下课去图书馆查数据，您怎么办？

建议1：称赞学生很有效地列出了问题，节省出很多额外的时间。

建议2：建议学生应该将列出的问题做分类，方便课后研究。

建议3：建议学生应用他们已有知识来试行讨论已归类问题，找出不足之处，进而按照不足，安排与落实研究。（张国红）

问题8.小组中如有学生选择一个不契合案例的问题作为讨论后的研究功课，您怎么办？

建议1：建议学生从"不契合案例的问题"讨论中可学习到东西。

建议2：告知学生对不在预定学习目标的问题进行讨论可能干扰整体学习流程。

建议3：咨询学生意见，以学生自主方式判断已设立的问题与案例学习目标的关联性，并重新梳理案例内容，达成共识。（张国红）

问题9.小组正在热烈地进行切题且具启发性的讨论，但其中有两位学生因为不认同讨论方向而觉得被孤立，您怎么办？

建议1：邀请这两位不同观点同学阐明自己的观点，减小其心理包袱；邀请组员对这两位学生所提观点做一定的阐述与反馈，分析其对切题讨论所带来的贡献。

建议 2：继续利用小组团队力量去正面影响他们，使其积极参与讨论。（张国红）

问题 10. 小组中因为学生对重要问题看法有不同意见而发生冲突，您怎么办？

建议 1：小组老师先将发生冲突学生的情绪稳定下来，再询问引发冲突的原因。

建议 2：在顾及双方情绪和感受情况下，提出自己的意见以解决引起冲突的问题。
（陆军）

问题 11. 小组于讨论结束后进行评价时，有一位学生认为在小组讨论中学生们轮流发表所学的方式很无聊，另一位同学也附议，您怎么办？

建议 1：可以征求全部学生意见，认为以什么样的方式来发表所学才会觉得不无聊。

建议 2：可以采取抽签等更有兴趣性的方式。如果其他大部分同学认为这样还好，可以引导他们遵循少数服从多数的处事原则。（陆军）

问题 12. 在小组中有一位学生明显地主导整个讨论进程，然而他和其他学生共同分担责任，每次参加小组讨论前也都充分准备，您怎么办？

建议：表扬该同学的学习态度，并倡导向他学习。把主导讨论学生引导到自己意见中来，再把问题丢给另一个学生来讨论。（陆军）

问题 13. 小组中一位学生一直不太参与讨论，表现"安静"，您怎么办？

建议：其实大多数看似不参与讨论的同学，也并非真正"置身事外"，一般他还是能倾听其他同学发言。之所以表现"安静"，一是性格内向，不善于表达；二是没有充分准备，害怕自己讲错，不敢表达。无论怎样，这正是 PBL 让他成长的地方，小组讨论正是给他提供一个表现自我、阐述观点的环境和机会，一般在 PBL 开始时，小组老师就先阐明 PBL 的特点，鼓励同学积极发言。如果该同学依然"安静沉默"，教师可就某个问题直接提醒，如"关于 ×× 问题，刚才张 ××、刘 ×× 等讲了自己的观点，李 ××，你有什么看法？"大多数情况下，他会讲出自己的观点，但注意他一旦开口，老师一定要给予肯定，多说一句"还有吗？"鼓励他继续讲下去。如果他依然不开口，我认为不要逼他，暂时忽略过去，以免他太尴尬。还可以利用最后"总结反馈"环节，了解他个人的想法和困难，不论是什么原因，小组老师都要帮助他解决困难，给他鼓励，即使他在本次讨论中一言未发，也要肯定他认真听取他人发言，为他加油，让他下次努力！（吴丽萍）

问题 14. 在某一次小组讨论中有一位学生缺席，事先并未告知任何同学，也没问您报备，在下一次小组讨论中他出席了，但同学们并未提及上回缺席的事，您怎么办？

建议：一般小组成员不超过 10 人，如有缺席，讨论前小组老师应该能够了解，可向学生简单询问，至少让学生知道您了解情况，但不可花费很多时间。下次讨论时小组老师可私下向缺席者询问情况，如果对 PBL 有看法，可沟通；如确有急事，可谅解；但告诉他应告知同学或老师，并询问他对错过的学习目标是否了解。（吴丽萍）

问题 15. 小组讨论问题正巧是您的专长，您怎么办？

建议：所讨论的问题是自己专长，并没什么不好。但要注意，一定要按教师指引要求，引导学生完成各项学习目标，切不可发挥专长，信马由缰；更不能按自己意愿进行"演讲"，让学生变成"听众"；也不能在讨论中总说"错了，应该这样、那样……"这就背离了 PBL 的要求。（吴丽萍）

问题 16. 小组中有学生向您反映您过度掌控小组讨论，而不让学生自己做决定，您怎么办？

建议 1：感谢学生提出意见，承诺在以后讨论中充分注意掌控度，同时，也会在小组讨论偏离主题时适当提醒。

建议 2：建议学生监督小组老师，当掌控过度时，给予提醒。（李伟中）

问题 17. 在学期第一次讨论中，学生向您提问课程将如何打分，您怎么办？

建议：告知学生，有统一的评分标准对学生 PBL 课前准备、讨论中表现进行评分。（李伟中）

问题 18. 学生不愿在公开场合给予小组老师表现以反馈，您怎么办？

建议 1：首先向他解释他的反馈不会影响小组老师对他的评分，并且还可以帮助小组老师在接下来讨论中做得更好。

建议 2：如果他仍然不愿意，也可以选择私下或者 E-mail 进行反馈。（李伟中）

第七部分　PBL 常用资源

一、中文参考书

1. 关超然，李孟智 . 问题导向学习之理念、方法、实务与经验：医护教育之新潮流 . 北京：北京大学医学出版社，2015.

2. 黄钢，关超然 . 基于问题的学习 (PBL) 导论：医学教育中的问题发现，探索，处理与解决 . 北京：人民卫生出版社，2014.

3. 徐平 . PBL 我们的思考与实践 . 北京：人民卫生出版社，2015.

二、英文参考书

1. Amador JA, Miles L., Peters CB. The practice of problem-based learning: a guide to implementing PBL on the college classroom. Bolton, MA: Anker Publishing Company, 2006.

2. Barrows HS, Tamblyn RM. Problem-based learning: An approach to medical education. New York: Springer, 1980.

3. Barrows HS. How to design a problem-bases curriculum for preclinical years. New York: Springer, 1985.

4. Davidson JE, Sternberg RJ. The psychology of problem solving. Cambridge: Cambridge University Press, 2003.

5. Lambros A. Problem-based learning in middle and high school classrooms: At teacher's guide to implementation. Thousand Oaks: Corwin Press, 2004.

6. Ronis DL. Problem-based learning for math & science: Integrating inquiry and the internet. 2nd ed. Thousand Oaks: Corwin Press, 2008.

7. Savin-Baden M. Problem-based learning in higher education: Untold stories. Philadelphia: SRHE and Open University Press, 2000.

8. Savin-Baden M., Wilkie K. Challenging research in problem-based learning. Berkshire: Open University Press, 2004.

9. Savin-Baden M., Howell Major C. Foundations of problem-based

learning. New York: Open University Press, 2004.

10. Savin-Baden M., Wilkie K. Problem-based learning online. New York: Open University Press, 2006.

三、网站

1. http://cll.mcmaster.ca/resources/pbl.html

2. http://cmucfd.cmu.edu.tw/pbl_01.html

3. http://www.studygs.net/pbl.htm